高等院校基础课系列教材 · 实训类

课书房
新/形/态/教/材

注塑模具数字化设计与制造实例

Zhusu Muju Shuzihua Sheji Yu Zhizao Shili

主　编　谭大庆　董梦瑶
副主编　余宗宁　刘明东
参　编　舒鸧鹏　杨声勇　郑长征
主　审　赵　平

U0180922

重庆大学出版社

内容提要

本书依据重庆市高等职业教育双基地项目、国家高职院校"双高计划"模具设计与制造专业群项目建设要求,以单个注塑模零件为例,系统介绍了注塑模零件的 CAD、CAM、CAE 整个详细过程。内容包括注塑零件的材料分析、零件的三维建模、注塑分析软件的应用以及操作过程、注塑模具成型结构设计、注塑模具标准件库调用、其他成型结构设计、脱模和复位结构设计、冷却系统设计、主要成型零件和其他成型零件加工、模架零件加工等,同时介绍了注塑模具钳工操作和制件注塑操作相关技术。

本书内容循序渐进,包含了从设计到编程再到最后加工的全过程,读者可从零基础开始学习注塑模具的设计与制造。本书既可供注塑模具技术人员使用,也可供职业院校、技工院校的模具专业师生使用。

图书在版编目(CIP)数据

注塑模具数字化设计与制造实例 / 谭大庆,董梦瑶

主编. -- 重庆 : 重庆大学出版社,2022.5

ISBN 978-7-5689-3249-3

Ⅰ. ①注… Ⅱ. ①谭… ②董… Ⅲ. ①注塑—塑料模具—计算机辅助设计 Ⅳ. ①TQ320.66

中国版本图书馆 CIP 数据核字(2022)第 068676 号

注塑模具数字化设计与制造实例

主 编 谭大庆 董梦瑶
副主编 余宗宁 刘明东
参 编 舒鸰鹏 杨声勇 郑长征
主 审 赵 平
策划编辑:鲁 黎

责任编辑:陈 力   版式设计:鲁 黎
责任校对:邹 忌   责任印制:张 策

*

重庆大学出版社出版发行
出版人:饶帮华
社址:重庆市沙坪坝区大学城西路 21 号
邮编:401331
电话:(023)88617190   88617185(中小学)
传真:(023)88617186   88617166
网址:http://www.cqup.com.cn
邮箱:fxk@ cqup.com.cn(营销中心)
全国新华书店经销
重庆俊蒲印务有限公司印刷

*

开本:787mm×1092mm   1/16   印张:10.75   字数:271 千
2022 年 5 月第 1 版   2022 年 5 月第 1 次印刷
ISBN 978-7-5689-3249-3   定价:36.00 元

前 言

目前,模具设计与制造技术水平已成为衡量一个国家产品制造水平的重要指标之一。本书根据高等院校教育的要求、新的经济发展形势和产业升级趋势及结合模具设计与制造专业人才的培养要求编写。围绕模具智能制造产业链、聚焦模具产业中高端,对接模具数字化设计、模具成型性模拟分析等关键岗位需求,力求教学内容符合企业需求,符合市场发展方向。本书根据作者多年从事模具教学和企业相关模具产品设计加工案例经验编写,难易程度适中,案例设计过程讲解详尽,能够达到解读模具设计与制造相关专业知识的要求。

本书第1章以注塑零件的材料分析开始,进行零件的三维建模,塑件脱模角度和收缩率设置;第2章讲解了华塑软件注塑分析,从分析前准备、分析模型的创建、分析数据的收集3个方面进行解读;第3章讲解了注塑模具CAD,包含了主要成型结构设计、注塑模具标准件库、其他成型结构设计、脱模和复位结构设计、冷却系统设计;第4章主要介绍了注塑零件CAM,主要成型零件和其他成型零件加工、模架零件加工;第5章主要讲述了注塑模具钳工操作,包含了抛光工具的使用和注塑模具装配工艺;第6章主要讲述了制件注塑操作。内容循序渐进,包含了设计到编程到最后加工整个全过程。

本书由重庆工业职业技术学院的谭大庆、董梦瑶担任主编,余宗宁、刘明东担任副主编,舒鹄鹏、杨声勇、郑长征为参编,赵平担任主审。其中,第1章由谭大庆编写,第2章由董梦瑶编写,第3章由董梦瑶、舒鹄鹏编写,第4章由余宗宁编写,第5章由刘明东编写,第6章由谭大庆、杨声勇编写,郑长征做图文编辑。全书由谭大庆统稿。

尽管我们在探索注塑模具设计与制造特色教材的建设方面做出了很多努力,但因时间仓促,加之作者理论水平、知识背景和研究方向的限制,书中难免存在疏漏之处,恳请广大读者不吝指正,以便修订时改进。

编 者

2022年1月

目录

第 *1* 章
注塑零件及前处理

1.1　注塑零件条件

1.1.1　零件材料:PS

PS(Polystyrene,聚苯乙烯塑料)是一种塑料的英文简称,其中文全称是聚苯乙烯,为一种热塑性树脂,密度为 $1.05~g/cm^3$,成型收缩为 $0.5\%~0.8\%$,成型温度为 $170~250~℃$ 。

聚苯乙烯具有良好的透明性(透光率为 $88\%~92\%$)和表面光泽、电绝缘性(尤其高频绝缘性)硬度高、刚性好,此外还具有流动性好,加工性能好,易着色,尺寸稳定性好等特点。可用于注塑、挤塑、吹塑、发泡、热成型、粘接、涂覆、焊接、机加工、印刷等方法加工成型各种制件,特别适用于注塑成型。其主要缺点是性脆、冲击强度低,易出现应力开裂、耐热性差等。

PS 是指大分子链中包括苯乙烯的一类塑料,主要包括苯乙烯及共聚物,具体产品包括普通聚苯乙烯(GPPS)、高抗冲聚苯乙烯(HIPS)、可发性聚苯乙烯(EPS)和茂金属聚苯乙烯(SPS)等。

注射成型时物料一般可不经干燥处理而直接使用,但为了提高制品质量,可以在 $55~℃$ 的鼓风烘箱内预干燥 $1~2~h$ 。注塑时料筒温度为 $200~℃$,注塑温度为 $170~220~℃$,压强为 $60~150~MPa$,模具温度为 $60~80~℃$,压缩比为 $1.6~4.0$,成型后的制件为了消除内应力,可在红外线灯或鼓风烘箱内于 $70~℃$ 恒温处理 $2~4~h$ 。

PS 由于具有较好的特性,多用于制造建材、玩具、文具、滚轮,还可用于制作盛装饮料的杯盒或一次性餐具。常见制件有文具、杯子、食品容器、家电外壳、电器配件、碗装泡面盒、快餐盒。但由 PS 制作的制件不能放进微波炉中加热,以免因温度过高而释放出化学物质。装酸性(如橙汁)、碱性物质后会分解出致癌物质,因此应避免用由 PS 制作的快餐盒打包温度较高的食物,特别不能用微波炉加热碗装方便面。

注塑成型工艺是复合材料生产中最古老且最具无限活力的一种成型方法,它是将一定量的浸料加入金属模具内,然后通过加热、加压固化成型。

其主要优点如下所述。

①产品尺寸精度高,重复性好。

②生产效率高,便于实现专业化和自动化生产。

③对于结构复杂的制品能够一次成型。

④表面亮度高,无须二次修饰。

⑤可进行批量生产,成本低。

相反,其主要缺点如下所述。

①模具制造复杂,投入成本高。

②受机型限制,批量生产中以小型制品居多。

1.1.2 成型设备

注塑机又称注塑成型机。它是将热塑性塑料或热固塑料利用塑料成型模具制成各种形状塑料制品的主要成型设备。其基本工作方式为对熔融塑料施加高压,使其射出而充满模具型腔。常用注塑机主要分为立式注塑机(图 1.1.1)和卧式注塑机(图 1.1.2)。

图 1.1.1 立式注塑机   图 1.1.2 卧式注塑机

立式注塑机的特点如下所述。

①注射装置和锁模装置处于同一垂直中心线上,且模具是沿上下方向开闭。其占地面积约为卧式机的 1/2,因此,换算成占地面积生产性约为卧式机的 2 倍。

②容易实现嵌件成型。因为模具表面朝上,嵌件放入定位容易。采用下模板固定、上模板可动的机种,拉带输送装置与机械手相组合,可容易地实现全自动嵌件成型。

③模具的质量由水平模板支承做上下开闭动作,不会发生类似卧式机的因模具重力引起的前倾而使得模板无法开闭的现象。有利于持久性保持机械和模具的精度。

④通过简单的机械手可取出各个塑件型腔,有利于精密成型。

⑤一般锁模装置周围为开放式,容易配置各类自动化装置,适应于复杂、精巧产品的自动成型。

⑥拉带输送装置容易实现穿过模具中间安装,便于实现成型自动生产。

⑦容易保证模具内树脂流动性及模具温度分布的一致性。

⑧配备旋转台面、移动台面及倾斜台面等形式,容易实现嵌件成型、模内组合成型。

⑨小批量试生产时,模具构造简单、成本低,且便于卸装。

⑩立式机因重心低,相对卧式机而言抗震性更好。

卧式注塑机的特点如下所述。

①卧式注塑机由于机身矮,对于安置的厂房无高度限制,安装较为平稳。

②产品可自动落下,不需使用机械手也可实现自动成型。

③卧式注塑机机身低,供料方便,检修容易。

④安装大型注塑模具需通过吊车安装。

⑤可多台卧式注塑机并列排列,成型品容易由输送带收集包装。

⑥制件顶出后可利用重力作用自动落下,容易实现全自动操作。

1.2　注塑零件三维模型绘制

图 1.2.1 所示为注塑零件二维图,现根据此二维图绘制三维模型。

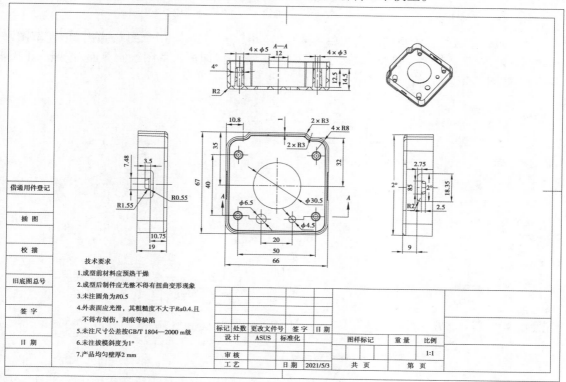

图 1.2.1　塑件工程图

1.2.1　三维 CAD 软件建模

本书以 NX10.0 为例进行三维建模。

①双击点开 NX10.0 软件,然后点击左键选择"新建"命令,如图 1.2.2 所示。弹出"新

建"对话框,如图 1.2.3 所示(此时软件自动生成名称、保存路径,可根据需要进行更改)。选择"模型"栏,并选择"模型"选项,单击"确定"即完成模型文件的建立并进入绘图界面。

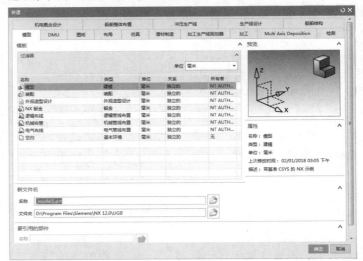

图 1.2.2　新建图框　　　　　　　　　　　　图 1.2.3　新建对话框

②通过图纸进行二维草图绘制。单击选择"菜单"→"插入"→"草图",弹出"创建草图"对话框,如图 1.2.4 所示。单击选择 XY 平面,单击"确定"即进入草图绘制界面,按照二维图纸绘制,如图 1.2.5 所示。

图 1.2.4　"创建草图"对话框　　　　　　　　图 1.2.5　二维草图

③单击选择"菜单"→"插入"→"设计特征"→"拉伸"(也可单击绘图界面上方工具条内对应的图标进行选择,或输入快捷键"X"即可调用"拉伸"命令),按照图纸要求拉伸出基体并倒圆角,如图 1.2.6 所示。

④单击选择"菜单"→"插入"→"偏置/缩放"→"抽壳"(也可单击绘图界面上方工具条内对应图标选择,即可调用"抽壳"命令),将厚度改为"2",选择基体上表面如图 1.2.7 所示,完成抽壳步骤。

4

图 1.2.6　拉伸出基体并倒圆角

图 1.2.7　制件抽壳

　　厚度即为制件壁厚,壁厚的大小取决于产品需要承受的外力,还要根据是否作为其他零件的支撑、承接柱位的数量、伸出部分的多少以及选用的塑件材料而定。从经济角度来看,过厚的产品不但会增加物料成本,还会延长生产周期和冷却时间,从而增加生产成本;从产品设计角度来看,过厚的产品有产生空穴气孔的可能性,将大大削弱产品的刚性及强度。一般的热塑件壁厚设计应以 4 mm 为限。

　　最理想的壁厚分布是切面在任何一个地方都是均一的厚度,但是为满足功能上的需求以致壁厚有所改变是无法避免的。在此情形下,由厚胶料的地方过渡到薄胶料的地方应尽可能顺滑。大幅度的壁厚转变会导致因冷却速度不同和产生乱流而造成表面问题。

　　⑤单击选择"菜单"→"插入"→"草图"。弹出"创建草图"对话框;单击选择现有平面(制件开模平面),单击"确定"即进入草图绘制界面,根据二维图纸绘制,并完成草图,单击拉伸命令(或使用快捷键"X"),将绘制完成的草图根据二维图纸尺寸进行拉伸(求差),如图1.2.8 所示。

图 1.2.8　台阶拉伸示意图

　　⑥单击选择"菜单"→"插入"→"草图"。弹出"创建草图"对话框;单击选择现有平面（制件底部）,单击"确定"即进入草图绘制界面,根据二维图纸绘制,并完成草图,点击拉伸命令（或使用快捷键"X"）,将绘制完成的草图根据二维图纸尺寸进行拉伸（求和）,拉伸到指定的高度,如图 1.2.9 所示。

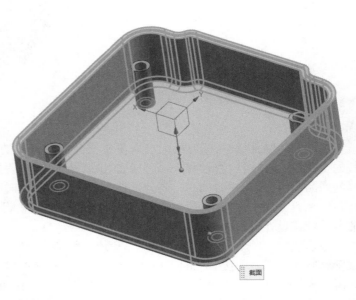

图 1.2.9　柱体拉伸示意图

　　⑦单击选择"菜单"→"插入"→"草图"。弹出"创建草图"对话框;单击选择现有平面（制件底部）,单击"确定"即进入草图绘制界面,根据二维图纸绘制,并完成草图,单击拉伸命

令(或使用快捷键"X"),将绘制完成的草图根据二维图纸进行拉伸(求差),拉伸至贯通,如图1.2.10 所示。

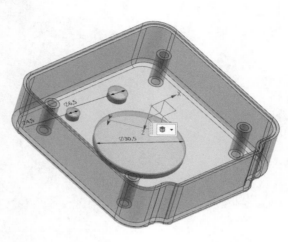

图 1.2.10　孔拉伸示意图

⑧单击选择"菜单"→"插入"→"草图"。弹出"创建草图"对话框;单击选择现有平面(制件两侧面),单击"确定"即进入草图绘制界面,根据二维图纸绘制,并同时完成两个草图,单击拉伸命令(或使用快捷键"X"),同时选用两个草图,将绘制完成的草图根据二维图纸尺寸进行拉伸(求差),拉伸至贯通,如图 1.2.11 所示。

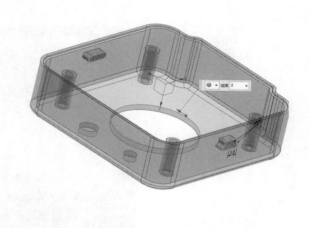

图 1.2.11　制件侧面拉伸示意图

⑨单击选择"菜单"→"插入"→"草图"。弹出"创建草图"对话框;单击选择现有平面(制件侧面),单击"确定"即进入草图绘制界面,根据二维图纸绘制,并完成草图,单击拉伸命令(或使用快捷键"X"),将绘制完成的草图根据二维图纸进行拉伸(求差),拉伸至指定平面,如图 1.2.12 所示。

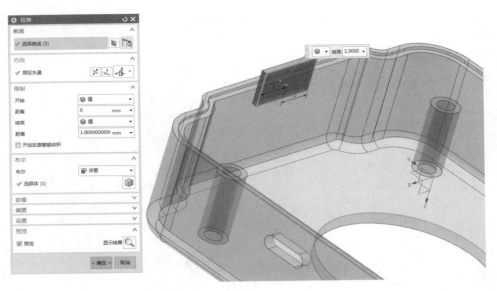

图 1.2.12　制件侧面矩形拉伸示意图

⑩单击选择"菜单"→"插入"→"草图"。弹出"创建草图"对话框;单击选择现有平面(制件侧面已拉伸的小平面),根据二维图纸,绘制出制件卡扣柱体中心线位置(用于绘制卡扣的辅助直线段),并完成草图。单击选择"菜单"→"插入"→"扫掠"→"管道",弹出"管道"对话框,单击选择绘制的直线段(求和),单击"确定"完成柱体的绘制,如图 1.2.13 所示。

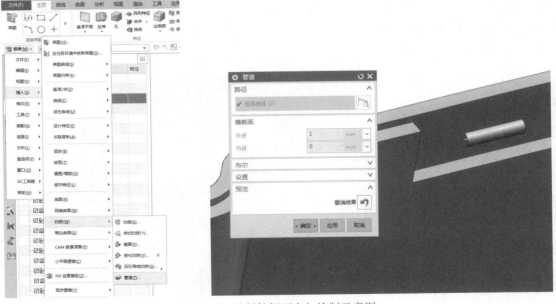

图 1.2.13　制件侧面卡扣绘制示意图

⑪单击选择"菜单"→"插入"→"设计特征"→"球",弹出"球"对话框,单击捕捉管道两侧的圆心(求和),单击"确定"完成特征设计,如图 1.2.14 所示。

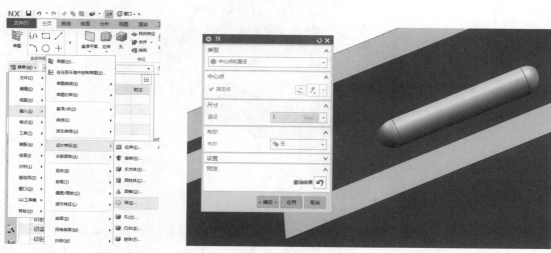

图 1.2.14　制件侧面卡扣绘制完成示意图

⑫单击选择"菜单"→"插入"→"细节特征"→"拔模",单击弹出"拔模"对话框,拔模方向选择脱模方向,选择固定面为制件分型面处,选择需要拔模的区域。设置拔模角度为 1°,如图 1.2.15 所示。

模具制件需要进行拔模设计,这样做的目的是使制件在成型后能够顺利脱模,注塑模的脱模方向按照产品设计要求,在保证制件尺寸的前提下,选择产品脱模方向为拔模方向,拔模角度根据制件不同,一般为 1°～3°,如有特殊要求可另行决定。

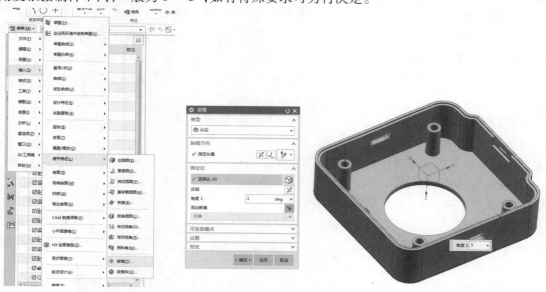

图 1.2.15　制件拔模

⑬制件完成绘制,如图 1.2.16 所示。

图 1.2.16　制件绘制完成示意图

1.2.2　塑件脱模角度设置

塑件产品在设计上通常会为了能够轻易地使产品由模具中脱离出来而需要在边缘的内侧和外侧各设置一个倾斜角度,此即为脱模角度。若产品附有垂直外壁并且与开模方向相同,则模具在塑料成型后需要较大的开模力才能打开。并且在模具开启后,产品脱离模具的过程也十分困难。若产品在设计的过程中预留出模角,以及所有接触产品的模具零件在加工过程中经过高度抛光,则脱膜变得较为容易。因此,脱模角在产品设计过程中是不可或缺的,因注塑件冷却收缩后多附在凸模上,为了使产品壁厚均匀以及防止产品在开模后附在较热的凹模上,所以脱模角对于凹模及凸模来说应该是相等的。但是在特殊情况下要求开模后附在凹模上,则相接凹模部分的脱模角应尽量减少,或在凹模加上适量的倒扣位。

塑件脱膜角度的大小与塑件的性质、收缩率、摩擦因数、塑件壁厚以及几何形状有关。硬质塑料比软质塑料脱膜斜度大;形状比较复杂或成型孔较多的塑件取较大的脱膜斜度;塑件高度较高、孔较深,则取较小的拔模斜度。壁厚增加、内孔包紧型芯的力加大,脱膜斜度也应加大。有时为了在开模时让塑件留在凹模内或型芯上,而有意将该边斜度减小或将斜边放大。

膜斜度应注意的问题如下所述。

①塑件精度要求高时,应采用较小的脱膜斜度。

②较高、较大尺寸的塑件,选用较小的脱膜斜度。

③塑件形状复杂、不易脱膜应选用较大的脱膜斜度。

④塑胶收缩率大的应选用较大的斜度值。

⑤塑件壁较厚时,会使成型收缩增大,脱膜斜度应较大。

⑥要求脱膜后塑件保持在型芯的一边,那么塑件内表面的脱膜斜度会比外表面的脱模斜度小。

⑦增强塑件可用较大脱膜斜度,含自润滑剂等易脱膜塑料可取较小脱膜斜度。

⑧透明件脱膜斜度应加大,以免引起划伤。

⑨带皮纹、喷砂等外观处理的塑件侧壁应根据具体情况取脱膜斜度,视具体的皮纹深度而定。皮纹深度越深,脱膜斜度应越大。

⑩结构设计成对插时,插穿斜度一般为 1°～3°。

拔模斜度示意图如图 1.2.17 所示。

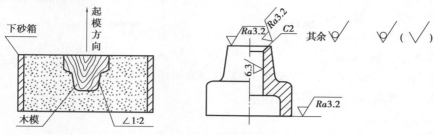

图 1.2.17　拔模斜度示意图

1.2.3　塑件收缩率设置

1）塑件收缩

热塑性塑料的特性是在加热后膨胀,冷却后收缩。在注塑成型过程中首先将熔融塑料注射入模具型腔内,充填结束后熔料冷却固化,从模具中取出塑件时即出现收缩,此收缩称为成型收缩。塑件从模具取出到稳定这段时间内,尺寸仍会出现微小的变化。一种变化是冷热收缩,另一种变化是某些吸湿性塑料因吸湿而出现膨胀,但是其中起主要作用的是成型收缩。

2）塑件结构及性质的影响

对于成型件壁厚来说,一般由于厚壁的冷却时间较长,因而收缩率也较大。一般塑件当沿熔料方向尺寸与垂直于熔料流动方向尺寸的差异较大时,收缩率差异也较大。从熔料流动距离来看,远离浇口部分的压力损失大,因而该处的收缩率也比靠近浇口部位的收缩率大。同时使加强筋、孔、凸台和雕刻等形状具有收缩抗力,因而这些部位的收缩率较小。

（1）塑料结构对制品收缩率的影响

①厚壁塑件比薄壁塑件收缩率大(但大多数塑料 1 mm 薄壁制件反而比 2 mm 收缩率大,这是熔体在模腔内阻力增大的缘故)。

②塑件上带嵌件比不带嵌件的收缩率小。

③塑件形状复杂的比形状简单的收缩率要小。

④塑件高度方向一般比水平方向的收缩率小。

⑤细长塑件在长度方向上的收缩率小。

⑥塑件长度方向的尺寸比厚度方向尺寸的收缩率小。

⑦内孔收缩率大,外形收缩率小。

（2）塑料性质对制品收缩率的影响

①结晶型塑料收缩率大于无定形塑料。

②流动性好的塑料成型收缩率小。

③塑料中加入填充料,成型收缩率会明显下降。

④不同批量的相同塑料,成型收缩率也不相同。

3）模具结构的影响

浇口形式对收缩率也有影响。用小浇口时,在保压结束之前浇口固化而使塑件的收缩率增大。注塑模具中的冷却回路结构也是影响塑件收缩率的一个关键,冷却回路设计不当,则会因塑件各处温度不均衡而产生收缩差,其结果是使塑件尺寸产生误差或变形。在薄壁部分,模具温度分布对收缩率的影响则更为明显。塑料模具结构对热缩率的影响主要有以下

4 点。

①浇口尺寸大,收缩率减小。

②垂直的浇口方向收缩率减小,平行的浇口方向收缩率增大。

③远离浇口比近浇口的收缩率小。

④有模具限制的塑件部分的收缩率小,无限制的塑件部分的收缩率大。

4)成型工艺对塑料制品收缩率的影响

(1)料筒温度

料筒温度较高时,压力传递较好而使收缩力减小。但用小浇口时,因浇口固化早而使收缩率仍较大。对于壁厚塑件来说,即使筒温度较高,其收缩率仍较大。

(2)补料

在成型条件中,尽量减少补料以使塑件尺寸保持稳定。但补料不足则无法保持压力,也会使收缩率增大。

(3)注射压力

注射压力是对收缩率影响较大的因素,特别是填充结束后的保压压力。在一般情况下,压力较大时因材料的密度大,收缩率就较小。

(4)注射速度

注射速度对收缩率的影响较小,但对薄壁塑件或浇口非常小,以及使用强化材料时,加快注射速度则会使收缩率变小。

(5)模具温度

通常模具温度较高时收缩率也较大。但对于薄壁塑件,模具温度高则熔料的流动抗阻小,从而收缩率反而较小。

(6)成型周期

成型周期与收缩率无直接关系。但需注意,当加快成型周期时,模具温度、熔料温度等也必然发生变化,从而影响收缩率的变化。

(7)模具温度

模具温度越高,收缩率越大。

5)常用塑料收缩率

常用塑料收缩率见表1.2.1。

表 1.2.1　常用塑料收缩率

材质	收缩率/%	材质	收缩率/%
PE	1.2～1.28	PP	1.2～2.5
PVC(硬质)	0.4～0.7	PVC(软质)	1.0～5.0
PS	0.3～0.6	ABS	0.4～0.7
ABS(加玻纤)	0.2～0.4	PC	0.6～0.8
PMMA	0.3～0.7	POM	1.8～3.0
PET	1.2～2.0	PPO	0.5～0.9
PPS	1	PEEK	1.2

第2章
华塑软件注塑分析

2.1 分析前的准备

常用的 CAE 分析软件有 Dynaform、华塑 CAE、Moldflow、Moldex3D 等。模流分析是指运用数据模拟软件，通过计算机完成注塑成型的模拟仿真，模拟模具注塑的过程得出数据结果，通过这些结果对模具方案进行可行性评估，若设计方案有问题，则可根据数据进行方案修正，将修正后的方案输入系统再次进行分析，直至符合加工要求。因此，CAE 技术能帮助设计人员正确地设计模具的浇注系统，可减少试模和修改的次数，降低模具设计制造成本，对提高制品成型质量和优化模具设计有极大的辅助作用。

通过模流分析能避免浇注系统设计存在的问题，可以较为准确地预测塑料熔体在型腔中的填充、保压、冷却情况以及预测塑件成型的应力分布、分子和纤维取向分布、制品的收缩和翘曲变形等情况，以便设计时能尽早发现问题，及时修改塑件结构和模具结构。因此，为了使模具项目顺利成功，现代模具的设计都应用了模流分析进行浇注系统设计。有的用户要求模具供应商利用模流分析技术和模具浇注系统的分析报告，确认后再对模具进行设计，这也说明了 CAE 分析的重要性和必要性。

CAE 模流分析的作用如下所述。

①通过 CAE 熔体充模过程的流动模拟，确定合理的浇口数目和找出最佳进料口位置，减少试模次数，努力做到一次试模成功；与此同时避免为了改变浇口位置而进行烧焊，既降低了模具的制造成本，也保证了模具质量。如果模具浇注系统的浇口位置设计错误，需要有所改动，模具就只能做烧焊处理或者重新加工。这大大增加了工作量，同时也延迟了交模时间，增加了金属加工和试模的费用。

②对浇注系统的浇口所在位置进行 CAE 模拟分析，能预知多点浇口注塑压力的平衡情况，模拟熔料充填过程，优化浇注系统设计；可使注塑熔料达到最佳的流动平衡，降低填充压力，使压力均匀分布。

③能预测保压过程中型腔内熔体的压强、密度和剪切应力分布等，优化注塑方案，缩短成型周期，提高生产效率。

④通过模流分析能优化注塑成型工艺参数,预知注塑机所需的注射压力及锁模力。

⑤通过模流分析,使设计者能尽早发现问题,可为模具的设计、改善模具结构提供依据;通过模流分析验证模具结构的合理性,优化了模具设计,最重要的是提高了塑料制品的成型质量。

本书以华塑 CAE 为例,详细讲解了华塑 CAE 软件的用途及使用步骤,软件如图 2.1.1 所示。

图 2.1.1　华塑 CAE 分析软件

华塑 CAE 模流分析软件由华中科技大学模具技术国家重点实验室自主研究开发。从 1989 年推出的 HSCAE1.0 版,到 2008 年的 HSCAE7.1 版,经历了从二维分析到三维分析,从实用化到商品化,从局部试点到大面积推广应用的过程,已成为塑料制品设计、模具结构优化和工程师培训的有力工具。目前华塑 CAE 的客户已有上百家,如海尔、科龙、比亚迪、东江、德豪润达等。其全面提高了我国塑料模具工业的技术水平和企业的生产、设计、开发能力,有效降低了开发成本,增加了经济效益。而且华塑 CAE 作为国产软件,使用过程中有明显的语言和技术优势,易学好懂,操作便利,可以很快地确定设计方案,进行模流分析,指导企业生产制造。

华塑 CAE 采用了国际上流行的 OpenCL 图形核心和高效精确的数值模拟技术,并支持多种通用的数据交换格式,华塑 CAE 软件支持国内外材料数据库,可以测试并添加新获得的塑料流变数据,支持开放式注塑机数据库以及模具钢材数据库,因此分析结果准确可靠,并形成了具有企业特色的数据库。华塑 CAE3D 软件能预测充模过程中的流动前沿位置、熔接痕和气穴位置、温度场、压力场、剪切应力场、剪切速率场、表面定向、收缩率、密度场以及锁模力等物理量;冷却过程模拟支持常见的多种冷却结构,为用户提供型腔表面温度分布数据;应力分析可以预测制品在脱模时的应力分布情况,为最终的翘曲和收缩分析提供依据;翘曲分析可以预测制品脱模后的变形情况,预测最终的制品形状。利用这些分析数据和动态模拟,可以最大限度地优化浇注系统设计和工艺条件,指导用户优化冷却系统和工艺参数,缩短设计周期、减少试模次数、提高和改善制品质量,从而起到降低生产成本的目的。

2.1.1　网格模型的建立

网格建立涉及单元的形状及其拓扑类型、单元类型、网格生成器的选择、网格的密度、单元的编号及几何体素。例如,从几何表达上讲,梁和杆是相同的,但从物理和数值求解上讲则是有区别的。同理,平面应力和平面应变情况设计的单元求解方程也不相同。由于不同单元的刚度矩阵不同,采用数值积分的求解方式不同。因此在实际应用中,一定要采用合理的单元来模拟求解网格划分。

首先创建实体模型,利用网格划分工具将实体模型划分为有限单元模型。定义单元实常数。单元实常数是指板壳单元的厚度、梁单元的截面几何尺寸等。它是从物理对象抽象成数学对象时无法保留的各种几何、力学、热学等属性参数。在形成网格之前,必须作为单元实常数的方式赋予指定的单元,从而使单元的行为和属性保持与所进行有限元分析的物理对象一致。

网格的建立需要在 NX10.0 中对创建好的制件进行文件格式转换,并在华塑网格管理器中打开。需要将文件格式导出转换为"STL"格式,然后保存到指定的文件夹中,如图 2.1.2 所示。

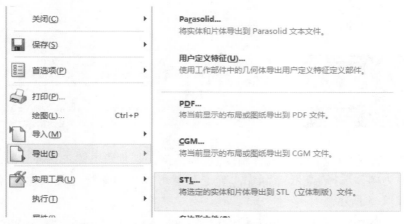

图 2.1.2　导出转换为"STL"格式

①双击打开华塑网格管理器,进入软件后初始界面如图 2.1.3 所示。

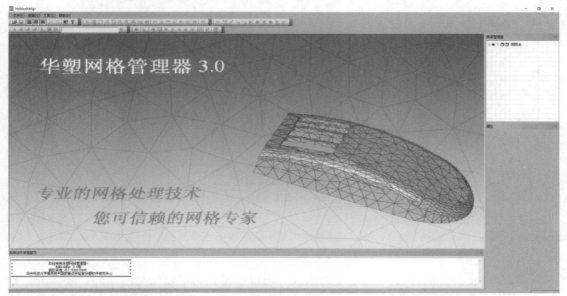

图 2.1.3　打开软件后的初始界面

15

②进入网格管理器后,需要将前面导出的制件在软件中打开,单击鼠标左键,选择"文件"→"打开",然后会弹出文件选择对话框,找到前面保存的"STL"文件格式,如图2.1.4所示。

图 2.1.4　选择打开制件模型

③双击打开后,软件会提示需选择制件"尺寸单位",根据自己需求选择相应的尺寸单位,这里以"毫米"为例。选择"毫米"后单击"确定",就可以在网格管理器中看到需要分析的制件模型,如图2.1.5所示。

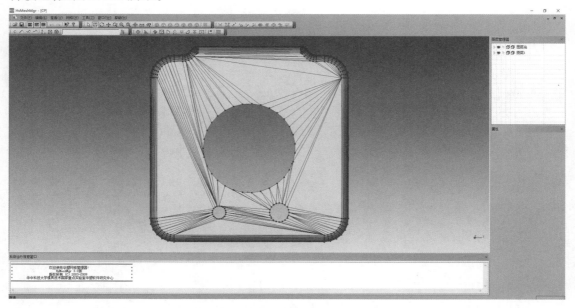

图 2.1.5　选择分析单位并调用模型

④在软件中打开制件后,基于任何有限元分析模型得到的精度都与所用的有限元网格直接相关。有限元网格用于将 CAD 模型分割为很多较小的域,称为单元,然后在这些单元上求解一组方程,这些方程通过在每个单元上定义的一组多项式函数来近似表示所需的控制方

程。随着网格的不断细化,这些单元变得越来越小,从而使求解的结果越来越接近真实解。
由于软件自动划分的网格不符合用户分析的要求,这里就需要手动修改网格大小,从而满足
分析需求,单击鼠标左键,选择"生成网格",此时会弹出"单位选择与精度控制"对话框,这里
需要根据制件的形状和结构来设置网格的精度,以上述制件为例,该制件设置为 2.5mm 精度
即可满足分析条件和网格足够细化。设置完成后单击"下一步"后给定相应的精度(这里选
择"默认"),单击"应用"按钮,如图 2.1.6 所示。

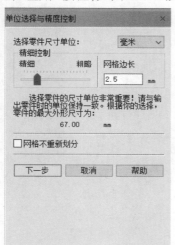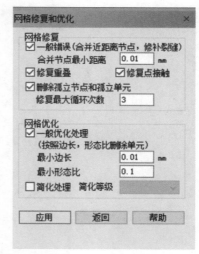

图 2.1.6　设置网格精度

　　⑤会有多个窗口弹出需确定是否进行网格划分,单击"确定"即可。网格划分完成后的效
果如图 2.1.7 所示。

图 2.1.7　网格划分完成后的效果

2.1.2　网格模型的修改

1)细化过程

　　了解一个制件的物理结构,以及完整描述这一结构的几何系统,才能成功地进行制件分
析。几何结构可以通过 CAD 模型来表示。典型的 CAD 模型能够准确描述制件的形状和结
构,但通常也包含一些修饰特征或细节特征;事实证明,这些细节特征仿真分析人员应对 CAD
模型进行一些分析判断,并决定是否可以在网格划分之前移除或简化这些特征和细节。从简

单模型来简化网格划分的做法,往往比从复杂模型到进行简化网格的做法要容易得多。

2)网格细化的技巧

(1)减小单元尺寸

减小单元尺寸是最简单的网格细化策略,其本质是减小整个建模域的单元尺寸,这种方法具有简单易用的优越性,但也存在不足之处,对于需要更精细网格的局部区域,无法选择性地进行网格细化,如图2.1.8所示。

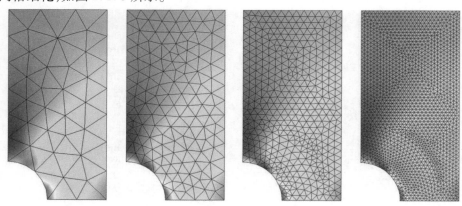

图2.1.8 整体模型网格细化样例

(2)提高单元阶数

提高单元阶数这一方法的优势在于,无须重新划分网格;用户可以使用相同的网格改变单元阶数。在处理复杂的三维几何时重新划分网格非常耗时;另一方面,对于从外部来源获取的网格,用户无法进行更改。与其他网格划分技术相比,这一技术的缺点是需要消耗更多的计算资源,如图2.1.9所示。

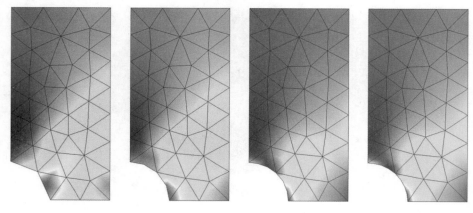

图2.1.9 提高单元阶数样例

(3)全局自适应网格细化

全局自适应网格细化方法通过使用误差估计策略,确定制件域中局部误差最大的点。分析软件会根据误差估计信息生成一个全新的网格。软件在兼顾整个模型局部误差的同时,会在局部误差更显著的区域使用较小的单元。这种方法的优势在于,所有的网格细化工作均由软件完成;其缺点是用户无法对网格进行控制。如此一来,制件原本局部误差较小的区域可能会发生过度的网格细化,如图2.1.10所示。

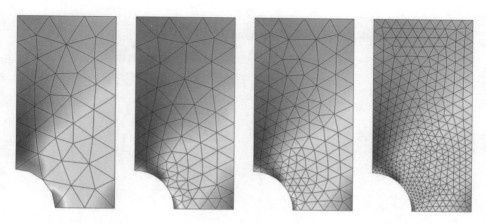

图 2.1.10　全局自适应网格细化样例

（4）手动调整网格

对于仿真分析人员来说，手动操作最频繁的方法是根据特定制件区域手动划分一系列不同的网格，并根据直觉判断出哪些位置需要更精细的单元。在处理二维模型时，可以结合使用三角形和四边形单元。如果是三维模型，可以结合使用四面体、六面体（也称为砖型）、三角棱柱和金字塔单元。尽管三角形和四面体单元可用于对任何几何图形进行网格划分，然而在可以确定模型的解是沿一个或多个方向逐渐变化的情况下，使用四边形、六面体、棱柱和金字塔单元会更有帮助。通过在某些方向拉伸或收缩单元，可以调节网格以适应场的变化。手动网格划分方法对分析人员的要求最高，需要对网格划分有深刻的理解并具有丰富的实践经验。但是，只要运用得当，可以节省大量的时间和资源，如图 2.1.11 所示。

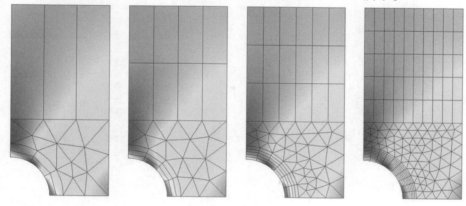

图 2.1.11　手动调整网格样例

网格划分完成后，需要进行进一步的修改细化网格，细化完成后的网格（主要是制件细节特征处），才能更加有效地对制件成型进行分析对比，分析出的数据也更加准确。完成制件网格划分，并完成网格细化后可以通过华塑网格管理器中带有的一个功能"网格检查向导"对细化后的网格进行检测，查看划分的网格是否有网格相交、独立元素等无法进行进一步分析的单元存在。步骤如下所述。

①单击华塑网格管理器中"网格检查向导"屏幕右侧会弹出"网格检查向导"窗口，可在该窗口进行单个错误的检查，依次单击网格检查项目，进入后单击"检查"，检查结果可从软件上方的功能栏中看到，然后依次进行下一项检查，如图 2.1.12 所示。

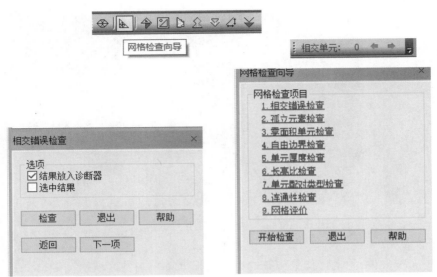

图 2.1.12　网格检测分析结果

②在进行网格检查的结果中，"孤立元素""零面积单元""自由边界""相关错误""零厚度""长高比""单元配对"结果显示都应该为"0"。其中"单元配对"结果不为"0"（检查结果为网格能配对边的边数）。这里还可以使用另一种检查方式，选择"网格检查向导"的最后一项"网格评价"，单击进入"网格评价"，勾选项目列表中的全部检查项目，然后单击"应用"，当全部检查项目都"通过"时，说明划分的网格合理，如图 2.1.13 所示。

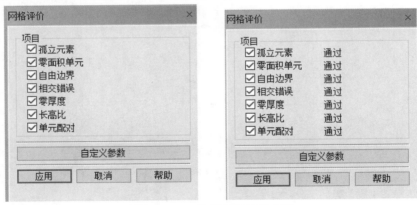

图 2.1.13　分析网格是否合理

③网格划分完成，检查结果全部通过后。软件会自动将用户划分的网格模型保存在与之前导出"STL"文件同一个文件夹中。

2.2　分析模型的创建

2.2.1　浇注系统的创建

浇注系统可以直接在华塑 CAE 软件中进行创建，同时还有一个相对简单的创建方式，即使用 NX10.0 软件。在该软件中绘制直线段,将在 NX10.0 中绘制的直线段通过导出,在华塑 CAE3D 软件中打开,将直线段作为参考线,使用软件中的功能将导入的直线段进行编辑,然后完成浇注系统的创建。本书以 NX10.0 软件为例对浇注系统进行创建,步骤如下所述。

①在 NX10.0 中对制件进行直线绘制(绘制的直线段为制件成型流道的中轴线),参考样式如图 2.2.1 所示。

图 2.2.1　成型流道中轴线

②在 NX10.0 中完成直线段的绘制后(浇注系统中轴线),还需将直线段导出另存为"IGES"格式。点击 NX10.0 软件左上方的"文件"→"导出"→"IGES",这时弹出"导出至 IGES 选项"对话框,选择需要将 IGES 文件导出至哪个文件夹,然后单击窗口上方"要导出的数据"进入选择模型数据,在导出一栏中选择"选定的对象",选择需要导出的直线段,完成导出即可,如图 2.2.2 所示。

图 2.2.2　导出"IGES"文件

③在 NX10.0 中完成并导出直线段后,打开华塑 CAE3D 软件。这时可以看到打开软件后的"数据管理"栏中原本就有两个空白数据,单击"+"打开两个方案,这时需要用户将前面划分好的制件网格导入华塑 CAE 软件中,单击"分析方案--1"中的"制品图形",右键单击"导入制品图形文件"(打开软件,默认是有制品在里面的,需要用户替换掉原本的制品),选择前面划分的网格文件(格式为 2 dm),双击打开文件,如图 2.2.3 所示。

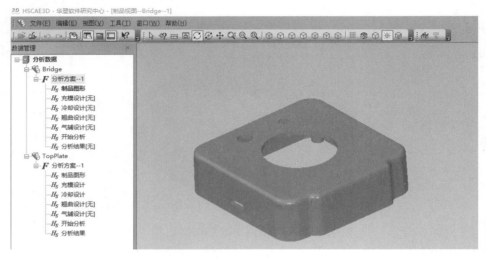

图 2.2.3　将"2 dm"文件导入华塑 CAE

④在华塑 CAE3D 中成功导入制件后,下一步就需要进行充模设计(在华塑 CAE 中要想进行分析报告的生成,必须需要完成一个"充模设计"),双击"分析方案--1"中的"冲模设计",此时华塑 CAE3D 软件会自动切换上方的工具栏,单击"设计脱模方向",弹出"设计脱模方向"对话框,在"分模面"选项中选择与脱模方向垂直的那个面(这里选择的是 X-Y 平面)。选择脱模方向时制件窗口中也会同时有相对应的箭头说明,然后单击"确定"完成脱模方向的设计,如图 2.2.4 所示。

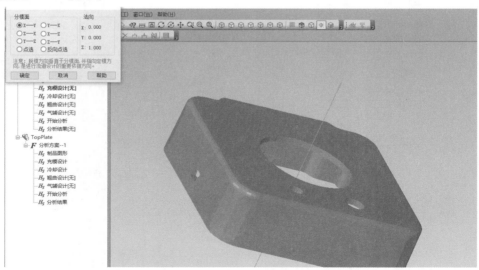

图 2.2.4　选择编辑分模面

⑤浇注系统的设计可以直接在华塑 CAE 中进行,这里就以导线为例。单击华塑 CAE 软件窗口上方的"设计"→"导入流到",这时会弹出选择文件窗口,选择前面导出的流道中轴线线段文件(格式为 IGES),双击打开文件,软件中就会显示出之前画好的流道中轴线线段,如图 2.2.5 所示。

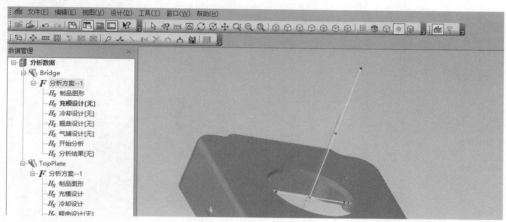

图 2.2.5　导入流道中轴线线段文件

⑥软件中有浇注系统的辅助线后就可以通过使用华塑 CAE 软件中的命令对流道进行完善,在华塑 CAE 软件中如果需要选择导入的文件特征,需要将命令栏中的"箭头"单击点亮才能进行选择。这时就可以进行流道的定义。选择导入的线段(需要单条线段进行分别定义),选中的线段会呈现紫色,如图 2.2.6 所示。

图 2.2.6　编辑导入的直线段

⑦将选择的线段进行定义,在软件上方功能区单击"修改流道"选项,弹出"流道属性"对话框,在对话框中的"截面类型"选项选择"圆形",为了得到更好的分析报告,从实际出发,还需要勾选定义"终止半径"使流道为锥形流道(这里供参考的起始半径为 3、终止半径为 1)。浇注类型选择为"流道",如图 2.2.7 所示。

图 2.2.7　将辅助线段编辑定义为流道

⑧主流道定义完成后,用户还需继续对浇注系统进行完善,选择直线段(图中垂直于主流道的一条直线段),单击"修改流道"选项,弹出"流道属性"对话框,对话框中的"截面类型"选择"上半圆",设置半径为"3"(供参考),浇注类型选择为"流道",如图 2.2.8 所示。

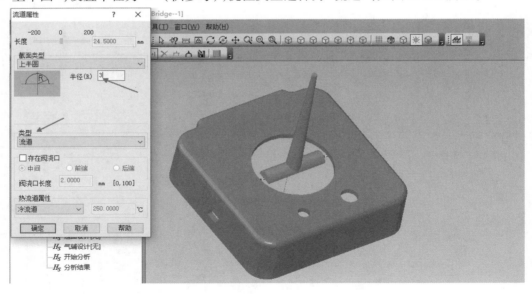

图 2.2.8　将辅助线段编辑定义为流道

⑨定义浇口。选择连接制件和流道的直线段,单击"修改流道",弹出"流道属性"对话框,对话框中的"截面类型"选择"上梯形"(由于有两个进胶口,在定义时不能两个同时定义,否则将无法定义,需要单个依次定义)。设置边长为"4",高为"1",浇注类型选择为"浇口",如图 2.2.9 所示。

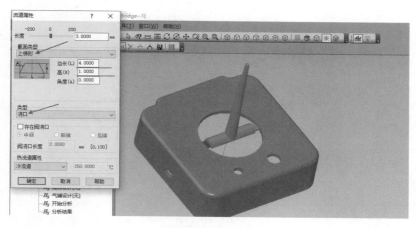

图 2.2.9　将辅助线段编辑定义为浇口

⑩如图 2.2.9 所示，完成充模设计后还需要对软件进行"完成流道设计"的设定，鼠标左键单击华塑 CAE3D 软件上方"完成流道设计"，单击"确定"即可完成流道的设计（如前面没有定义出冷料孔，在完成流道设计后，软件就自动生成冷料孔），如图 2.2.10 所示。

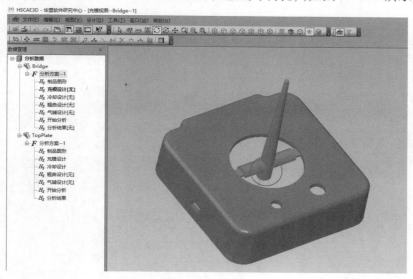

图 2.2.10　冷料孔

2.2.2　冷却系统的创建

在华塑 CAE 中可以直接创建冷却系统（在华塑 CAE 中可以创建直线段进行水道编辑），同时还有一个相对简单的创建方式，就是使用 NX10.0 软件，在该软件中绘制直线段，将在 NX10.0 中绘制的直线段通过"导出"选项在华塑 CAE3D 软件中打开，将直线段作为参考线，使用软件中的功能将导入的直线段进行编辑，然后完成冷却系统的创建。本书以 NX10.0 软件为例对冷却系统进行创建，步骤如下所述。

①在 NX10.0 中对前面绘制的制件进行绘制直线（绘制的直线段为制件水道的中轴线）。注：在绘制冷却水道中轴线时需要将直线起点或终点与华塑 CAE 定义的动定模板边重合并垂直，这样的线段才能在华塑软件中正常进行水道定义。参考样式如图 2.2.11 所示。

图 2.2.11　绘制冷却水路(供参考)

②绘制完成需要使用的直线段,使用 NX10.0 软件导出为"IGES"格式(与前面步骤相同),打开华塑 CAE3D 软件,单击"+"打开方案,这是方案中的制件模型和充模设计项目已经设计完成,下一步双击打开"冷却设计",第一步需要用户定义制件毛坯,单击软件上方工具栏中"设计动定模板"选项,将弹出"设计虚拟型腔"对话框,分别将模板尺寸中的"X 向""Y 向"设定为"100"(供参考),"定模厚""动模厚"设置为"默认"(可根据实际情况进行修改),然后单击"确定"完成设计,如图 2.2.12 所示。

图 2.2.12　设计虚拟型腔

③将在 NX10.0 中绘制的直线导入,单击华塑软件上方"设计"→"导入冷却水路",弹出选择文件对话框,选择前面保存的"IGES"文件,如图 2.2.13 所示。

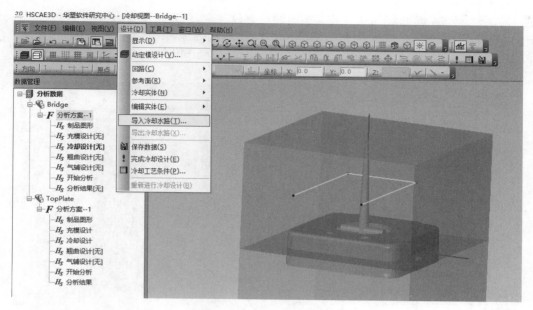

图 2.2.13　导入辅助直线段

④导入水道直线段后,华塑 CAE 中只有一条水路线段,可以在软件中使用命令对直线段进行镜像(也可在 NX10.0 中将两条水道线段都绘制出来),单击点亮"箭头",选择需要镜像的线段,单击软件上方的"镜像",将弹出"镜像实体"对话框,这时需要选择一个镜像平面(默认为 X-Y 平面),也可通过修改 X\Y\Z 的偏置镜像平面,单击"确定"完成镜像,如图 2.2.14所示。

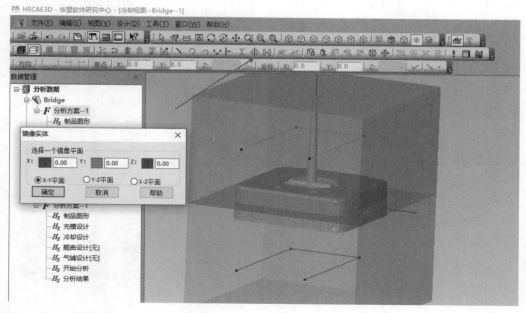

图 2.2.14　镜像直线段

⑤定义水道大小,单击点亮"箭头",选择需要定义的水道直线段(线段需要一次性选完一条水路的回路线段),单击软件上方工具栏中的"移动到别的回路"选项,弹出"移动到别的

回路"对话框,单击"新回路",这时需要指定回路直径,将水路直径设置为"6"(供参考),单击"确定"完成水道的定义,定义成功后可在软件左侧"冷却管理器"中看到有一条回路,接着定义下一条水路,如图2.2.15所示。

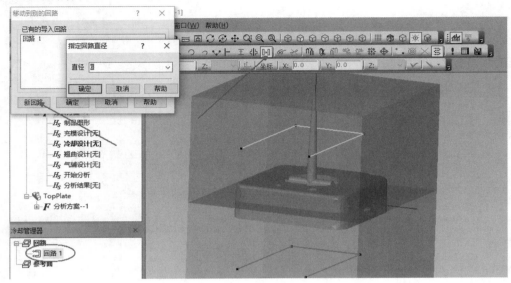

图 2.2.15 指定冷却水路直径

⑥直线段定义完成后,在软件下方"冷却管理器"中会有两条回路(至少有一条或更多,这个根据模具需求自行设定)。单击选择"冷却管理器"中的"回路1",选中后单击鼠标右键"完成回路",弹出"完成回路"对话框,在对话框中可对出入口的方向、水道直径、入口流量等进行修改,单击"确定"完成水路,并完成下一个回路,如图2.2.16所示。

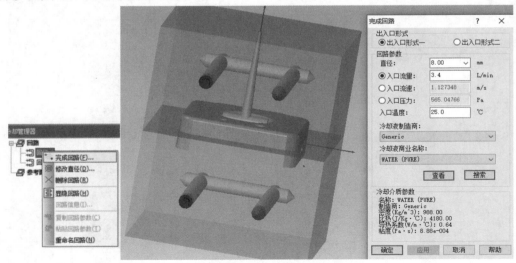

图 2.2.16 完成冷却水路

水路设定完成后,还需要单击软件上方的"完成冷却设计"选项。当"完成冷却设计"的图标淡化,即说明成功定义。

2.2.3 工艺参数的设置

在完成以上操作后,用户会发现在"分析方案--1"下的"充模设计"和"冷却设计"状态仍是"无",这是因为还需要对工艺条件进行参数设定,否则软件是无法完成充模设计和冷却设计的,也无法成功生成分析报告,具体步骤如下所述。

①设定完成流道设计后,还需要对填充条件进行定义,在"充模设计"状态下,单击软件上方功能区中的"设置工艺条件",弹出"成型工艺"对话框,在里面可以设置制件材料、注塑机类型、注射参数、保压参数等,这里可将材料改为 PS 材料(供参考),其他参数可根据实际选用进行设定,如图 2.2.17 所示。

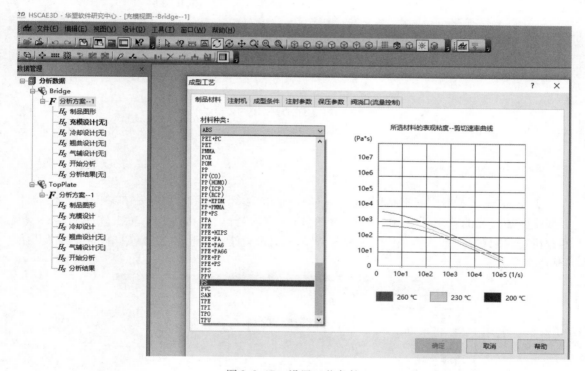

图 2.2.17 设置工艺条件

②双击进入"冷却设计"状态。单击软件上方功能区中"工艺条件"选项,弹出"冷却工艺条件"对话框,在里面可对模具材料、塑料材料、冷却条件等进行参数设定。根据实际设定完成后,单击"确定"完成冷却条件的设置。这时的"充模设计"和"冷却设计"状态为"设置成功"状态(旁边没有"无"即为设置成功),如图 2.2.18 所示。

注:在设定工艺条件时需要对每个窗口的参数进行设定(参数不进行修改设定也需要单击进入窗口,然后单击"完成"),否则会出现无法完成充模设计,即无法进行下一项。

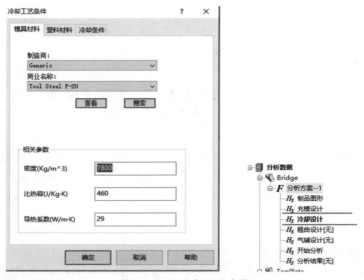

图 2.2.18　冷却工艺条件

2.3　分析数据的收集

2.3.1　分析的运行

①完成"充模设计"和"冷却设计"后进行分析的运算,运算的前提是方案中的充模设计必须是要在完成的状态下进行。双击"开始分析"进入"开始分析"状态,单击软件上方的"开始分析"选项,弹出"启动分析"对话框,依次单击勾选就绪的分析内容,然后单击"启动"开始分析,如图 2.3.1 所示。

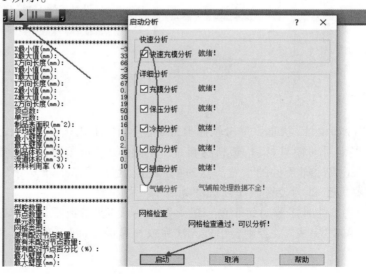

图 2.3.1　开始分析

②等待分析进度完成,在软件方案中双击查看"分析结果",然后导出报告,单击软件上方的"报告"→"生成报告",弹出"分析报告设置"对话框,单击"确定"开始导出分析报告。在报告导出完成后计算机会自动弹出"Word"文档(需计算机上装有"Word"软件),进入"Word"分析报告,将报告另存为用户指定的位置即可,如图 2.3.2 所示。

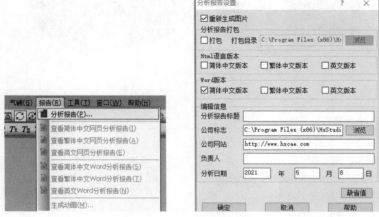

图 2.3.2　生成分析报告

2.3.2　分析数据的对比

CAE 分析可以输出重要的设计数据,如压力分布、温度、剪切速率、剪切应力、速度等,设计者可由 CAE 获取诸如充填模式、熔合纹与气穴的位置、注射压力和锁模力大小、纤维取向、冷却时间、最终成型情况等信息。作为一种设计工具,CAE 能够辅助模具设计师优化流道系统与模具结构,协助产品设计师从工艺的角度改进产品形状、选择最佳成型性能的塑料,帮助模具制造者选择合适的注射机,指导模塑工程师设置合理的工艺条件。

使用 CAE 分析可以对不同的成型方案进行反复的评测对比,寻求最优设计。同时,CAE 分析又是一种教学工具,通过对注射成型过程各阶段的定性与定量描述,CAE 分析能够帮助设计者熟悉熔体在型腔内的流动行为,把握熔体流动、保压、凝固的基本原则,帮助设计新手克服经验不足导致的问题以及帮助有经验的工程师注意那些也许会被忽视的细节。

分析数据对比是需要两套方案同时进行的,并通过 CAE 分析两套方案中哪套方案的塑件质量更优,所以两套方案的注塑参数应该一致方能比较,故暂都采用软件默认参数进行分析,待方案选定后再对注塑参数进行优化。

如分析方案 1 中的融合纹较为明显,对此通过优化生成报告方案 2,对方案 1 中的注射压力进行了一定量的提升(融合纹的形成是流体流动前沿的温度受模具影响,制件在进行融合时温度没有达到材料的正常融合点,流体温度不够,融合后就会出现融合线),此分析表现出的表面效果有明显的提升,如图 2.3.3 所示。

在方案 1 中,制件在成型后的应力翘曲变形数据较大(较大的应力翘曲是因为塑料本来就有一个热胀冷缩的过程,翘曲只能说是减小,不能说完全没有),特此对方案 1 中的注塑参数进行修改,加长注塑时的保压时间,生成方案 2,通过对比,方案 2 中的翘曲变形有明显的改良,如图 2.3.4 与图 2.3.5 的数据所示。

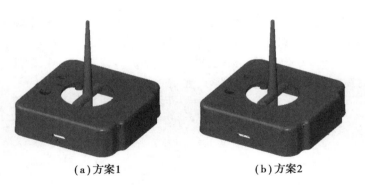

(a)方案1　　　　　　　　　(b)方案2

图 2.3.3　多方案对比

7.1 应力翘曲分析结果

数据项	数据	评价	说明/建议
翘曲最大值(mm)	0.82		
X 方向长度变化值(mm)	0.32		
X 方向长度变化千分比(‰)	0.00		
Y 方向长度变化值(mm)	0.18		
Y 方向长度变化千分比(‰)	0.00		
Z 方向长度变化值(mm)	0.74		
Z 方向长度变化千分比(‰)	0.00		
局部缩水最大值(mm)	0.0111		
出模最大平面残余应力(MPa)	-39.85		

图 2.3.4　方案 1 分析结果

7.1 应力翘曲分析结果

数据项	数据	评价	说明/建议
翘曲最大值(mm)	0.69		
X 方向长度变化值(mm)	0.11		
X 方向长度变化千分比(‰)	0.00		
Y 方向长度变化值(mm)	0.22		
Y 方向长度变化千分比(‰)	0.00		
Z 方向长度变化值(mm)	0.87		
Z 方向长度变化千分比(‰)	0.00		
局部缩水最大值(mm)	0.0179		
出模最大平面残余应力(MPa)	-30.72		

图 2.3.5　方案 2 分析结果

2.3.3　分析结果的指导意义

　　对于每一件注塑件来说,由于其用途和作用的不相同,它们的性能和用材也就不相同,这就导致它们的形状特征和尺寸精度也不相同,它们的成型规律和成型要求也不相同。对于模具的结构形式来说也不相同,但是只要能把握好注塑件的性能、材料和用途,捕捉到注塑件形状特征、尺寸精度和注塑件形体分析的"六要素",便可以寻找到注塑件成型的规律性。塑胶模具的"六要素"和"三种分析方法"可用于各种类型的型腔模结构方案的可行性分析和论证,其中也包括注塑模结构方案的可行性分析和论证。

(1)注塑模具存在着多种结构方案的论证

注塑件在模具中存在着多种摆放位置,模具结构也相应有多种方案。方案中有根本行不通的错误方案,这是应坚决撤除的方案;有模具结构可行但结构复杂的方案,这是增加制造成本、延长制造周期的方案,也是应舍弃的方案;还有结构既可行又简单的方案,这就是比较好的优化方案。注塑模具加工厂家通过模具结构方案的论证,就是要找出这种优化方案作为模具设计的方案。

(2)检查注塑件形体"六要素"分析的完整性

注塑件形体"六要素"分析如存在遗漏,注塑模的机构必定会存在缺失,模具就不能完成注塑件成型加工中的功能和动作,所加工的注塑件就达不到成型和使用的要求。

(3)注塑模各种机构的可靠性论证

对于注塑模各种机构的可靠性论证,应先要找出机构的结构是否正确,然后找出其是否能够完成注塑件形体"六要素"分析的要求。可靠性论证过程:由机构—方案—要素——对应进行分析比较,直到找到精简的结构设计。

(4)注塑模薄弱构件强度和刚度的校核

注塑模定模型芯和动模型芯的侧壁与底壁是直接承受注射压力的部位。动模垫板是简支梁,而长斜导柱或斜销是悬臂梁。这些都是注塑模零件中强度和刚度比较薄弱的部分。在设计投影面积较大注塑件的模具时,一定要进行模具强度和刚度的校核。否则这些薄弱部分会发生变形,如此一来,模具机构所有的运动都无法进行。

第**3**章
注塑模具 CAD

3.1　主要成型结构设计

前一章完成了对制件的绘制,从模具的角度出发,还需要对制件进行分模处理,分模方法很多,根据不同的产品选择不同的分模方法,这样也会更加简单快捷。分模设计常用方法有建模法和自动分模法两种。

1)建模法

建模法是一种万能的方法,对各个模具零件直接利用产品上的曲面一个个地做出来,适用于所有的模具零件。面对一些复杂的模具零件时不会出现无法分模的情况。但是建模法操作步骤烦琐,比较考验设计者的基本功。

2)自动分模法

自动分模法是一种相对简单方便的方法。用软件中自带的模块指令,对模具零件进行"区域分析""缩水分析""补孔"操作等。操作人员只需设置对应参数即可完成分模。

本书以"建模法"为例进行讲解分模,第一步,需要对产品进行缩放(即收缩率设置,在自动分模过程中就可以在初始项目中直接设置,这里直接使用 NX10.0 中的缩放体功能对制件直接进行均匀缩放)。单击选择"菜单"→"插入"→"偏置/缩放"→"缩放体",弹出"缩放体"对话框,在缩放类型选项中选择"均匀",再选择需要缩放的体(就是用来进行分模的制件),"缩放点"在选择缩放体后,软件会自动选择一个点为"缩放点","比例因子"设置为"1.005"(这里以 PS 材料为例),具体操作如图 3.1.1 所示。

①完成制件的均匀缩放后,下一步对制件进行拔模分析,使用 NX10.0 软件对制件进行拔模分析,定义制件的型芯、型腔区域。单击选择"菜单"→"分析"→"模具部件验证"→"检查区域",也可在软件上方的功能区进行操作。在打开 NX10.0 的默认状态下,需要单击"应用模块",进入"应用模块"窗口,单击选择"注塑模",这时功能区会添加一个"注塑模向导"功能模块,单击该模块中的"检查区域",具体操作如图 3.1.2 所示。

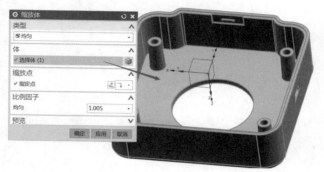

图 3.1.1　模具零件缩放设置

图 3.1.2　分析定义制件区域

②单击"检查区域"功能,弹出"检查区域"对话框,这时提示需要选择产品实体与方向(在进入该功能时软件会自动选择已有制件,脱模方向也会自动生成,如正确就无须修改),再单击"计算",单击"区域",进入"区域"状态栏,在这个状态下,可以对"型芯区域""型腔区域"的颜色和透明度进行设置。单击"设置区域颜色"旁的调色板图标(用于显示区域颜色,更加直观地分清型腔、型芯区域),在"定义区域"一栏下有未定义的区域,这时需要用户手动地对区域进行划分,通过"指派到区域"对未定义的面进行定义,完成区域的定义划分,当未定义区域中的"交叉区域面""交叉竖直面""未知的面"对应的数值为 0 时,单击"确定"完成区域的划分,操作如图 3.1.3 所示。

③区域划分完成后,还需要对制件上的孔进行填补(制件上的孔如不进行填补是无法进行成功分模的),单击使用"注塑模向导"中的"曲面补片",弹出"边修补"对话框,在该对话框类型处选择"体"(也可选择为"面"),单击选择需要修补的体,这时软件会自动捕捉制件上的孔(自动捕捉的位置会参考前面划分的区域,在"型芯区域"和"型腔区域"交界处,高亮区域为将要填补的区域),单击"确定"完成制件孔的填补,操作如图 3.1.4 所示。

④对制件的孔进行填充后,得到的片体同时也属于分型面的一部分,下一步需要定义制件的主分型面,单击选择"菜单"→"编辑"→"曲面"→"扩大",弹出"扩大"对话框,也可在软件上方的功能区进行选择,单击到功能区的曲面窗口,可直接单击选择"扩大",弹出"扩大"对话框,单击选择需要扩大的面,在"调整大小参数"中将"全部"勾选(四边同时扩大),将任意其中一边设置为"100",其余三边都会参考一边同时扩大(扩大值需大于型芯、型腔毛坯大小),单击"确定"完成区域的扩大,如图 3.1.5 所示。

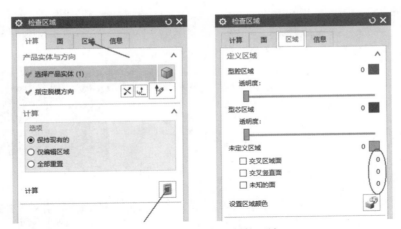

图 3.1.3　手动定义制件区域

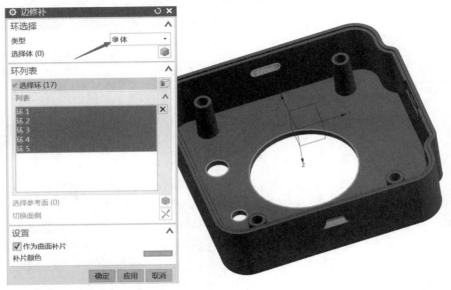

图 3.1.4　对制件进行补孔

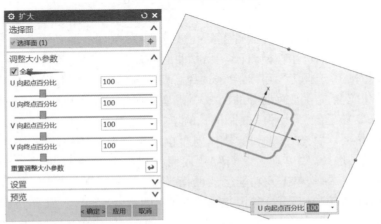

图 3.1.5　绘制分型面

⑤分型面的定义。打开模具取出胶件或浇注系统的面,称为分模面。分模面除受排位的影响外,还受塑件的形状、外观、精度、浇口位置、行位、顶出、加工等多种因素影响。合理的分模面是塑件能否完好成型的先决条件。一般应从下述几个方面综合考虑。

a. 符合胶件脱模的基本要求,就是能使胶件从模具内取出,分模面位置应设在胶件脱模方向最大的投影边缘部位。

b. 确保胶件留在后模一侧,并利于顶出且顶针痕迹不显露于外观面。

c. 分模线不影响胶件外观。分模面应尽量不破坏胶件光滑的外表面。

d. 确保胶件质量,例如,将有同轴度要求的胶件部分放到分模面的同一侧等。

e. 分模面选择应尽量避免形成侧孔、侧凹,若需要行位成形,力求行位结构简单,尽量避免定模行位。

f. 合理安排浇注系统,特别是浇口位置。

g. 满足模具的锁紧要求,将胶件投影面积大的方向,放在前、后模的合模方向上,而将投影面积小的方向作为侧向分模面;另外,分模面是曲面时,应加斜面锁紧。

h. 有利于模具加工。

⑥对分型面的区域扩大后,制件的开口处也会被封闭,这时需要将扩大的片体进行修剪,单击选择"菜单"→"插入"→"修剪"→"修剪片体",弹出"修剪片体"对话框,也可在软件上方的功能区选择该功能,单击选择到"曲面"窗口,单击选择"修剪片体",弹出"修剪片体"对话框,选择需要修剪的片体,选择修剪边界(修剪边界必须为封闭且在修剪片体上才能修剪成功),在区域处选择"保留"或"放弃"(根据实际情况),单击"确定"完成修剪,如图 3.1.6 所示。

图 3.1.6　修剪分型面

⑦由于用户使用的分模方式是手动分模,所以需要建一个完全封闭的组合片体来对后面的实体进行拆分。分型面已经建立完成,这时只需要将制件上的面抽取下来和分型面组成一个完整的片体,单击选择"菜单"→"插入"→"关联复制"→"抽取几何特征",弹出"抽取几何特征"对话框,也可在软件上方单击进入"曲面",单击选择"抽取几何特征"功能,进入"抽取几何特征"对话框,类型选择为"面",将用户需要抽取的面选中进行抽取,单击"确定"完成抽取,如图 3.1.7 所示。

图 3.1.7　抽取型腔区域片体

⑧将抽取出来的面与前面建立的分型面进行缝合,组成一个完整的片体。单击选择"菜单"→"插入"→"组合"→"缝合",弹出"缝合"对话框,也可在软件上方的"曲面"功能区进行选择"缝合"功能,弹出"缝合"对话框,目标选择主分型面,工具选择剩余的其他片体(根据实际情况确定),单击"确定"完成缝合,如图 3.1.8 所示。

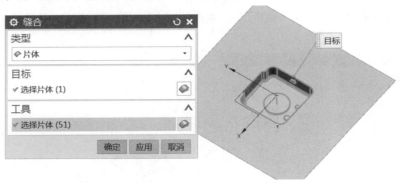

图 3.1.8　缝合抽取的片体

⑨建立一个 100 mm×100 mm×50 mm 的方体(根据实际需要定义型芯、型腔毛坯大小,建立的方体需要完全包容制件),将建立的方体和制件进行求差运算。单击软件"主页"窗口的"减去"功能,弹出"求差"对话框,目标选择"建立的方体",工具选择"制件",单击"设置"向下箭头,并单击"确定"完成求差,如图 3.1.9 所示。

⑩将方体进行减运算成功后,还需将方体拆分为型芯、型腔。单击选择"菜单"→"插入"→"修剪"→"拆分体",弹出"拆分体"对话框,可也在软件上方的"主页"功能区进行选择,打开"更多"单击选择"拆分体",弹出"拆分体"对话框,目标选择方体,工具选择前面缝合的片体,单击"确定"完成拆分(在拆分完成后进行消参处理),如图 3.1.10 所示。

⑪完成拆分的型芯、型腔效果图如图 3.1.11 所示。

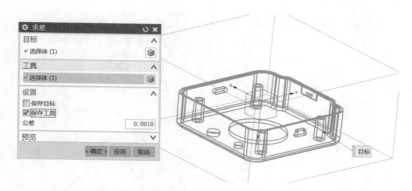

图 3.1.9　减去制件部分

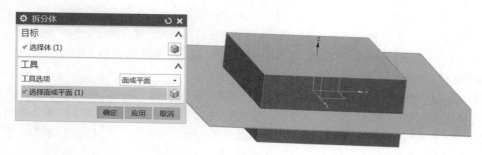

图 3.1.10　拆分成为型芯、型腔

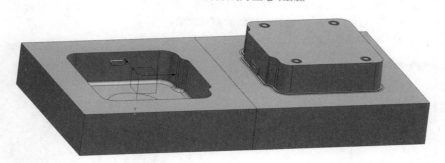

图 3.1.11　分模完成图

3.1.1　型腔零件设计

前文将制件成功分模,分出的型芯、型腔初始的状态是无法满足制件成型的。还需要添加或减去部分结构来满足产品成型的条件。型腔的设计还需要添加浇注系统、定位结构等。由于型腔内有两个小的突起,产品成型后无法正常脱模,还需要在型腔上设计侧抽结构来满足制件脱模的需求。

①浇注系统的设计。需要在型腔上绘制求差出一个直径为 10 的孔(用于放入浇口套,孔的大小根据实际情况决定)。先绘制草图进行拉伸,或直接使用孔命令进行求差。单击软件上方"主页"功能区内的"孔"命令,弹出"孔"对话框,孔的类型选择"常规孔"。位置选择制件中心碰穿处,布尔选择"求差","形状尺寸"处直径设置为"10 mm",单击"确定"完成编辑,如图 3.1.12 所示。

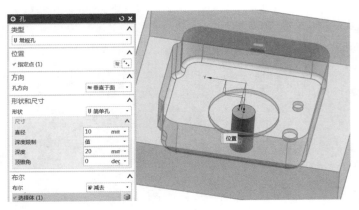

图 3.1.12　绘制浇口孔

②浇注系统的主流道编辑完成后,还需进行进胶口的编辑,单击草图绘制,绘制一条直线段(分流道的中轴线),绘制一个矩形宽为 4 mm(进胶口,分流道和进胶口的大小和形状根据实际情况自行决定)的草图,绘制草图如图 3.1.13 所示。

③草图绘制完成,使用"管道"对草图进行编辑。单击选择"菜单"→"插入"→"扫掠"→"管道",弹出"管道"对话框,也可在软件上方的"曲面"功能区单击打开"更多"选项,选择"管道"功能,弹出"管道"对话框,"路径"曲线选择草图绘制的直线段,横截面的"外径"设置为"6","内径"设置为"0"(尺寸大小根据实际情况自行定义),"布尔"设置为"求差",运算体选择型腔体,单击"确定"完成编辑,如图 3.1.14 所示。

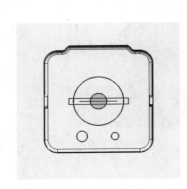

图 3.1.13　绘制分流道草图

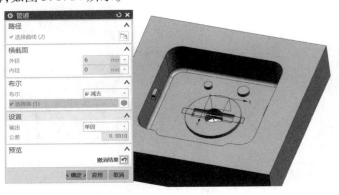

图 3.1.14　使用管道命令绘制分流道

④使用前面绘制好的草图,单击选择"菜单"→"插入"→"设计特征"→"拉伸",弹出"拉伸"对话框。也可在软件上方功能区"主页"窗口选择拉伸命令(也可使用快捷键"X"),弹出"拉伸"对话框,截面曲线选择前面草图中的矩形进行拉伸,结束距离设置为 1 mm(根据实际情况设置进胶口的深度),布尔体选择型腔体(求差)。单击"确定"完成编辑,如图 3.1.15 所示。

⑤由于对浇注系统的设计合理性,进胶口处还需设立圆弧过渡结构,使流体进入流道后的流动性更好。单击选择"菜单"→"插入"→"设计特征"→"球",弹出"球"对话框,指定圆心为求差成型半圆的几何中心。尺寸直径设置为"6 mm"(尺寸大小根据实际情况设置),"布尔"设置为"求差",运算体选择型腔体。单击"确定"完成运算,如图 3.1.16 所示。

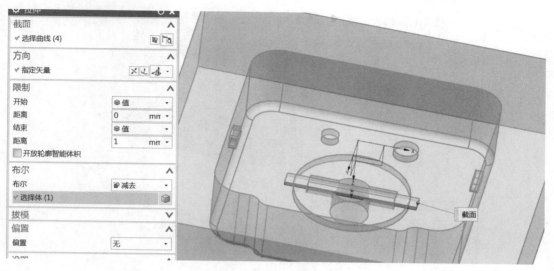

图 3.1.15　绘制段胶口

⑥然后完成对侧抽系统的设计,制件上有突起,制件无法正常脱模,需要设计侧抽结构来保证制件的正常脱模,在型腔侧面创建一个草图,绘制一个矩形框。草图样式如图 3.1.17 所示。

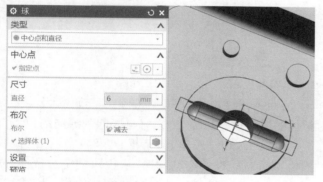

图 3.1.16　绘制完善分流道

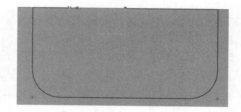

图 3.1.17　绘制分割侧抽草图

⑦对绘制完成的矩形框进行分割处理。单击"菜单"→"插入"→"修剪"→"拆分体",弹出"拆分体"对话框。也可在软件上方的功能区"主页"窗口中单击打开"更多",单击"拆分体"功能,弹出"拆分体"对话框,选择需要拆分的目标(型腔体),工具选项中选择"拉伸",截面曲线选择前面绘制完成的曲线组,方向软件会根据选择的曲线组自动指定(如若不对,可自行修改),单击"确定"完成拆分,如图 3.1.18 所示。

⑧精定位的绘制,在分型面处建立一个草图,绘制一个 12 mm×12 mm 的矩形并倒 R7 的圆角,完成草图绘制,然后单击选择"菜单"→"插入"→"设计特征"→"拉伸",弹出"拉伸"对话框。也可在软件上方功能区"主页"窗口选择拉伸命令(也可使用快捷键"X"),弹出"拉伸"对话框,截面曲线选择绘制草图进行拉伸,结束距离设置为"−8 mm"(求差,结束距离根据自行设计给定),布尔运算体选择型腔体,如图 3.1.19 所示。

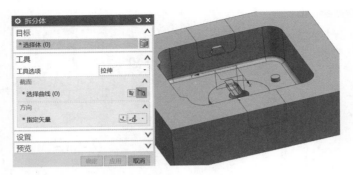

图 3.1.18　拆分出侧抽

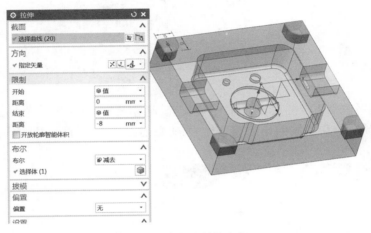

图 3.1.19　绘制精定位

⑨精定位的设计作用有合模定位,承受侧向的注塑压力,精定位的斜度与形状,斜度为5°、方形或圆锥形。所以在这里还需要对拉伸的形状进行拔模,合模时也能起到导向的作用。单击选择"菜单"→"插入"→"细节特征"→"拔模",弹出"拔模"对话框,也可在软件上方功能区"主页"窗口选择单击"拔模",弹出"拔模"对话框,拔模类型选择"从边",固定边选择分型面上拉伸的边,拔模角度设置为5°,方向选择与浇注系统相反的方向。单击"确定"完成拔模设置,如图3.1.20所示。

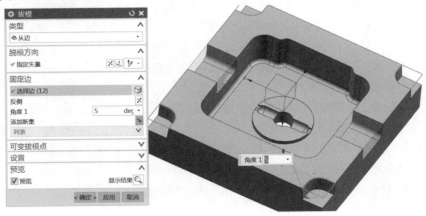

图 3.1.20　精定位设计角度

3.1.2 型芯零件设计

型芯在分模完成后的初始状态下直接使用,是无法达到制件成型标准的,所以还需要进行拆分、拉伸等操作。同时还需设计顶出系统,使制件在成型后能够正常脱模,所以型芯上还需拉伸顶针孔,由于型芯制件侧面有小突起,制件成型后无法脱模,还需设计出斜顶辅助脱模。

① 精定位的绘制,在分型面处建立一个草图,绘制一个 12 mm×12 mm 的矩形并倒 $R7$ 的圆角,完成草图绘制,然后单击选择"菜单"→"插入"→"设计特征"→"拉伸",弹出"拉伸"对话框。也可在软件上方功能区"主页"窗口选择拉伸命令(也可使用快捷键"X"),弹出"拉伸"对话框,截面曲线选择绘制草图进行拉伸,结束距离设置为 7 mm(求和,结束距离需小于型腔精定位拉伸距离,给出避空位,结束距离根据自行设计给定),布尔运算体选择型芯体,如图 3.1.21 所示。

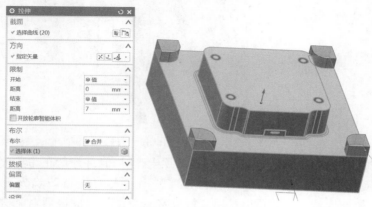

图 3.1.21 设计绘制精定位

② 精定位的设计作用有合模定位,承受侧向的注塑压力,精定位的斜度与形状,斜度为 5°、方形或圆锥形。所以在这里还需要对拉伸的形状进行拔模,合模时也能起到导向的作用。单击选择"菜单"→"插入"→"细节特征"→"拔模",弹出"拔模"对话框,也可在软件上方功能区"主页"窗口选择点击"拔模",弹出"拔模"对话框,拔模类型选择"从边",固定边选择分型面上拉伸的边,拔模角度设置为 5°。单击"确定"完成拔模设置,如图 3.1.22 所示。

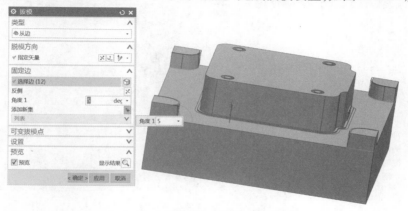

图 3.1.22 设计精定位角度

③为保证制件在成型后能正常脱模,需要对型芯设计顶出系统,为保证制件在成型后能够停留在动模上,还需要在型芯上设计拉料孔。建立草图,绘制一个中心圆,直径为5 mm。使用拉伸对绘制的草图进行拉伸。单击选择"菜单"→"插入"→"设计特征"→"拉伸",弹出"拉伸"对话框。也可在软件上方功能区"主页"窗口选择拉伸命令(也可使用快捷键"X"),弹出"拉伸"对话框,截面曲线选择绘制的圆,结束距离设置为"100"(距离能够将型芯拉伸贯穿即可)布尔求差选择型芯体。单击"确定"完成拉伸,如图3.1.23所示。

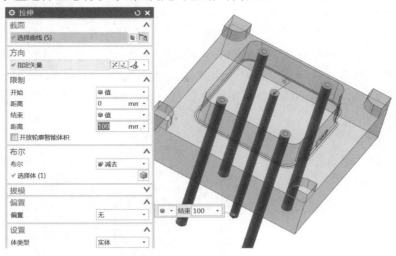

图3.1.23 拉伸顶针孔、拉料杆孔

④型芯上面的小突起需要设计斜顶进行辅助顶出,这样制件才能正常脱模。需在型芯中心建立一个草图(也可使用坐标平面X-Z面),绘制一个距模具中心27.2 mm的矩形,倾斜角度为8°(供参考,根据模具大小和顶出行程自行决定),草图绘制完成后对其进行拉伸。单击选择"菜单"→"插入"→"设计特征"→"拉伸",弹出"拉伸"对话框。也可在软件上方功能区"主页"窗口选择拉伸命令(也可使用快捷键"X"),弹出"拉伸"对话框,截面曲线选择绘制的草图,"限制"选项中开始处选择为"对称值",距离设置为6 mm,布尔运算设置为无,单击"确定"完成拉伸,如图3.1.24所示。

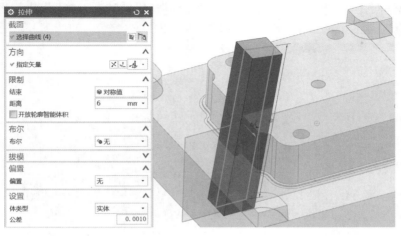

图3.1.24 绘制拉伸斜顶体

⑤前面拉伸的体是用来拆分使用的,单击"菜单"→"插入"→"修剪"→"拆分体",弹出"拆分体"对话框。也可在软件上方的功能区"主页"窗口中单击打开"更多",单击"拆分体"功能,弹出"拆分体"对话框,选择需要拆分的目标(型芯体),选择面为拉伸体的全部面,单击"确定"完成分割,如图 3.1.25 所示。

图 3.1.25　拆分斜顶

⑥型芯制件完成效果如图 3.1.26 所示。

图 3.1.26　型芯完成图

3.2　注塑模具标准件库

NX10.0 在安装完成后的初始状态下,模具的标准件库是有限的(因个人习惯,模具标准件库不全,可根据个人添加安装标准件库),这里以标准件库"MOLDWIZARD"为例,这个安装可直接在网上下载"MOLDWIZARD"文件,并将文件复制到 NX10.0 文件夹下,重新启动NX10.0 即可使用,如图 3.2.1 所示。

名称	修改日期	类型	大小
CATIAV5	2021/4/14 14:56	文件夹	
CMM_INSPECTION	2021/4/14 14:56	文件夹	
DESIGN_TOOLS	2021/4/14 14:57	文件夹	
DRAFTING	2021/4/14 14:57	文件夹	
DXFDWG	2021/4/14 14:57	文件夹	
IGES	2021/4/14 14:57	文件夹	
INSTALL	2021/4/14 14:57	文件夹	
LINE_DESIGNER	2021/4/14 14:57	文件夹	
LOCALIZATION	2021/4/14 14:57	文件夹	
MACH	2021/4/14 14:56	文件夹	
MECH	2021/4/14 14:57	文件夹	
MECHATRONICS	2021/4/14 14:57	文件夹	
moldwizard	2021/4/14 18:40	文件夹	

此电脑 › 新加卷 (E:) › Program Files › Siemens › NX 10.0

图 3.2.1　NX10.0 模架库

3.2.1　标准模架的调用

①打开 NX10.0 软件,单击软件上方的功能区"应用模块"窗口,进入"应用模块"选择点击"注塑模",软件上方会自动添加"注塑模向导"模块,单击进入"注塑模向导"窗口。选择单击"模架库",在软件左侧选择"重用库",在"重用库"中选择打开"FUTABA-S"文件夹。为查看效果,可将"成员选择"中的显示设置为"缩略图",如图 3.2.2 所示。

图 3.2.2　模架库调用

②单击进入"FUTABA-S",在"成员选择"对话框内双击选择"SC",弹出"模架库"对话框,在详细信息中设定模架的基本尺寸:名称中"index"设置为"2020"(模架规格);"SP-h"设置为"50"(A 板厚度);"BP-h"设置为"50"(B 板厚度);"CP-h"设置为"70"(模脚高度);"fix-open"设置为"0.5"(A 板距型腔分型面的距离);"move-open"设置为"0.5"(B 板距型芯分型面的距离);"EJB-open"设置为"5"(垃圾钉的高度);"TCP-h"设置为"20"(定模座板的厚度);"BCP-h"设置为"20"(动模座板的厚度);"EJA-h"设置为"13"(顶针板的厚度);"EJA-h"设置为"15"(顶针背板的厚度),具体如图 3.2.3 所示。

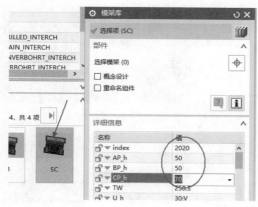

图 3.2.3　模架参数设置

③由于使用的"MOLDWIZARD"版本模架库不完整,在成功调用模架后,模架上的部分螺钉等部件不全,所以需要再对模架进行进一步编辑。因为 NX10.0 调用的模架生成后的体属于一个装配体,无法对其直接进行编辑修改,所以需要将模架装配体进行"几何体链接"。在软件上方功能区单击"装配"进入窗口,单击"WAVE 几何链接器",弹出"WAVE 几何链接器"选项,在类型处选择"体",然后对整个模架进行框选。单击"确定"完成链接,如图 3.2.4所示。

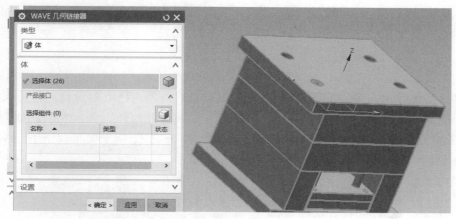

图 3.2.4　WAVE 几何链接

④链接成功后会发现,所有体都有重叠的体(每个都有相同体),这是因为链接成的几何体与前面的装配体相同而重合。这时需要将前面的装配体进行删除。单击软件最左边的装配体窗口,里面有一个模架的装配体,直接单击鼠标右键选择"删除",这时软件会提示是否继续进行删除命令,单击"确定"完成删除,如图 3.2.5 所示。

⑤对装配体进行删除操作后,软件窗口只剩下链接体了,为方便对体进行直接编辑,这时需要使用消参,单击"菜单"→"编辑"→"特征"→"移除参数",弹出"移除参数"对话框,"对象"选择所有链接体(整套模架),单击"确定"完成消参。移除参数后在"部件导航器"窗口可以看到所有链接体变为了体,如图 3.2.6 所示。

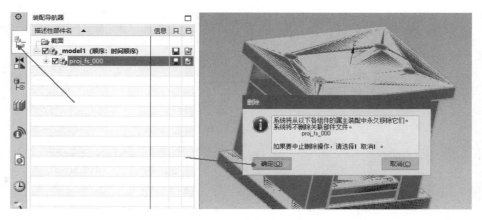

图 3.2.5　删除装配体

图 3.2.6　对链接体进行移除参数

⑥移除参数后,由于调出的模架缺少 3 颗螺钉,这时需要对已有的螺钉进行镜像或阵列,以镜像为例:单击"菜单"→"插入"→"关联复制"→"镜像几何体",弹出"镜像几何体"对话窗,选择需要镜像的几何体(需要镜像的螺钉),镜像平面选择坐标平面 Y–Z 平面,再次对 X–Z 平面进行镜像,单击"确定"完成镜像,如图 3.2.7 所示。

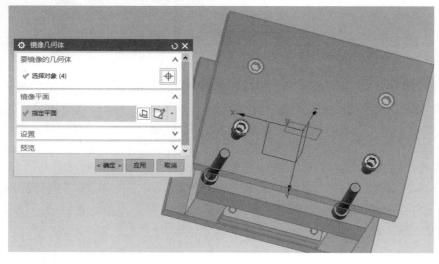

图 3.2.7　进行部件镜像

⑦调出的模架如图 3.2.8 所示。

图 3.2.8　模架完成调用

3.2.2　标准零件的调用

使用 NX10.0 进行标准零件的调用,可以对模架上的锁模块、垃圾钉、浇口套、定位环、吊环等标件进行调用,在以下模块进行调用,如图 3.2.9 所示。

```
MW Standard Part Library
    DME_MM
    DMS_MM
    DUMB_LIBRARY
    FILL_MM
    FUTABA_MM
    HASCO_MM
    LKM_MM
    MEUSBURGER_DEUTSCH
    MEUSBURGER_ENGLISH
    MISUMI
    POINT_PATTERN_MM
    PROGRESSIVE_MM
    PUNCH_MM
    RABOURDIN_MM
    STRACK_MM
    UNIVERSAL_MM
```

图 3.2.9　标准件库

打开 NX10.0 软件,单击软件上方的功能区"应用模块"窗口,进入"应用模块"选择单击"注塑模",软件上方会自动添加"注塑模向导"模块,单击进入"注塑模向导"窗口。选择单击"标准件库",软件左侧进入"重用库",在"重用库"中选择打开"UNIVERSAL-MM"文件夹,在该文件夹内选择打开"FILL"文件夹。为查看效果更加明了,可将"成员选择"中的显示设置为"缩略图",如图 3.2.10 所示。

单击打开"FILL"文件夹,选择成员中的第三个组件,双击打开。弹出"标准件管理器","位置"选择默认,在"引用集"处选择"整个装配"。单击"确定"完成编辑,如图 3.2.11 所示。

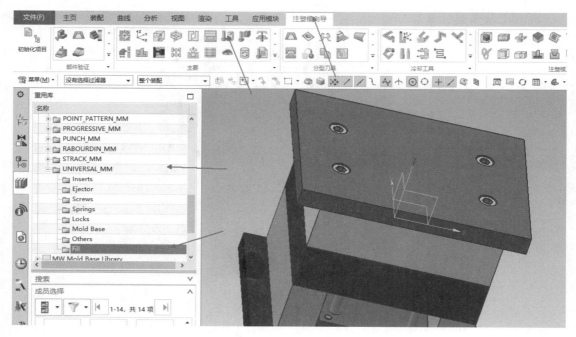

图 3.2.10　标准价库的调用

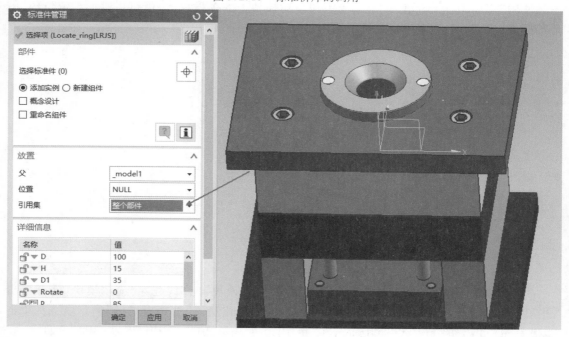

图 3.2.11　定位环的调用

　　定位环调用成功后,接着还需要进行浇口套的调用。打开"FILL"文件夹,成员选择窗口内的第六个组件。双击打开,弹出"标准件管理器","引用集"处选择"整个装配",详细信息"D3"处设置为"40";"H1"处设置为"15"(具体设置根据实际确定),单击"确定"完成编辑,如图 3.2.12 所示。

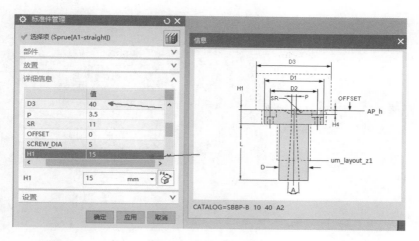

图 3.2.12　浇口套调用

由于调用出来浇口套的位置和外形与实际不符,需要对其进行位置的移动和特征的编辑,双击浇口套组件,进入编辑模式,使用的模具浇口套是不需要对浇口进行定位的,所以不需要螺钉进行定位,可直接将螺钉删除(在删除时可能软件会有提示,单击"确定"即可),螺钉删除成功后多余的孔还需将孔进行删除,替换,如图 3.2.13 所示。

图 3.2.13　浇口套编辑

对浇口进行编辑完成后,由于浇口的位置不与定位环配合,还需对浇口的位置进行移动。单击"菜单"→"编辑"→"移动对象】"(也可使用快捷键"Ctrl+T")弹出"移动对象"对话窗,移动对象为浇口组件(包括避让组件),将运动状态设置为"距离",指定方向为朝向定位环的一方,运动距离为 20.5 mm(设置距离根据实际中的距离设定),单击"确定"完成移动,如图3.2.14 所示。

完成浇口套的特征和位置的编辑,由于现在的状态处于编辑状态。在空白区域单击鼠标右键,选择单击"处理显示装配",进入装配模式。继续进行标准件的调用,在"UNIVERSAL-MM"文件夹中找到"Others"文件夹,选择倒数第二个窗口的组件(锁模块),双击进入"标注件管理"对话框,选择将组件放置的面(A 板侧面),引用集选择"整个部件",单击"确定"完成编辑,如图 3.2.15 所示。

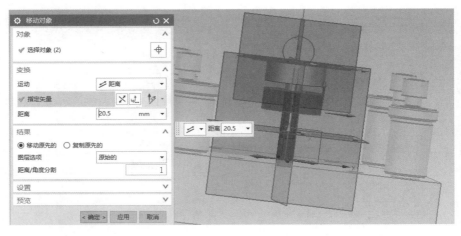

图 3.2.14　浇口套移动

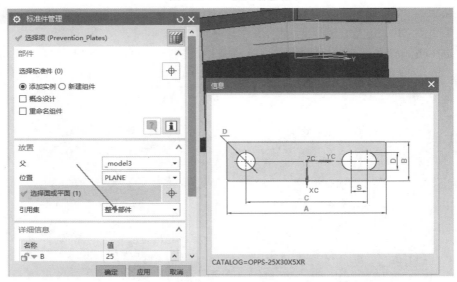

图 3.2.15　锁模块调用

锁模块的基本参数设置完成后,单击"确定"弹出"标准件位置"对话框,根据实际出发,锁模块的位置不应在模架中间,需要对其进行偏置,在该窗口偏置处将"X 偏置"设置为"50"(具体距离根据实际情况决定),单击"确定"完成"偏置",如图 3.2.16 所示。

完成锁模块的调用后,继续进行垃圾钉的调用,在"UNIVERSAL-MM"文件夹中找到"Mold Base"文件夹,选择单击第四个窗口组件文件,双击进入,弹出"标准件管理"对话框,将放置位置选择"PLANE",选择面为顶针背板背面,引用集选择为"整个部件",详细信息处将"DIRECTION"设置为"DOWN",单击"确定"完成编辑,如图 3.2.17 所示。

完成垃圾钉的基本设定后,"确定"进入"标准件位置"对话框。偏置处位置直接选择捕捉复位杆的圆心,由于系统默认设定关联位置 X 向 Y 向都有增量 1 mm,需要在每选完一个点后单击设置将关联定位取消。单击"确定"完成设定,如图 3.2.18 所示。

将垃圾钉调用成功后,由于调出的位置存在差异,还需要对组件进行移动,要想对调出的组件进行编辑和位置的移动,还需进入"装配导航器"中将该组件(垃圾钉组件)调用出来带

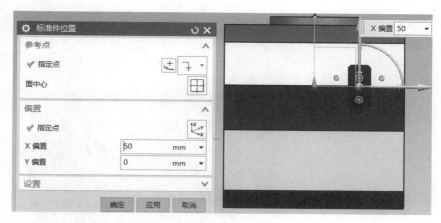

图 3.2.16　锁模块放置位置

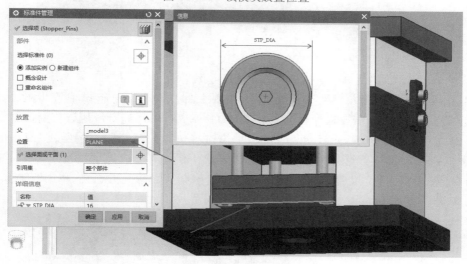

图 3.2.17　垃圾钉调用

有的约束删除,选择垃圾钉组件的所有约束,单击鼠标右键,选择删除命令完成删除,如图 3.2.19 所示。

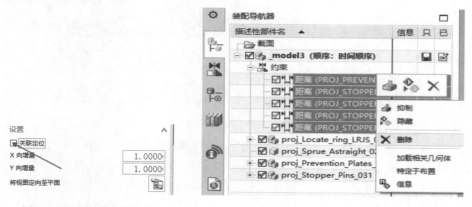

图 3.2.18　位置参数设置　　　　　　图 3.2.19　删除关联约束

单击软件上方的功能区进入"装配"窗口,单击"移动组件",弹出"移动组件"对话框,将需要移动的对象选择为"垃圾钉组件",将变换运动状态设置为"距离",矢量指定为朝向顶针背板的一方,距离输入为"120.5mm"(具体尺寸根据实际距离为准),单击"确定"完成移动,如图3.2.20所示。

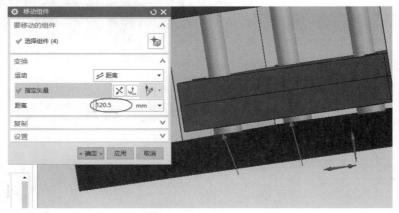

图3.2.20　放置垃圾钉位置

完成垃圾钉调用编辑及模架加工装配后,需要上到注塑机上进行试模等步骤,因有些大型模具的安装不便,所以需要在模具上安装吊环,下一步对吊环进行调用,进入标准库件中找到"DMS-MM"文件夹中的"Screvws"文件夹,单击选择倒数第三个窗口的组件,双击进入"标准件管理"窗口,放置位置选择模架侧面(同锁模块一侧),单击"确定"完成参数设置,进入"标准件位置"窗口,将位置向Y向偏置"-40 mm"(根据实际情况决定)。单击"确定"完成调用,如图3.2.21所示。

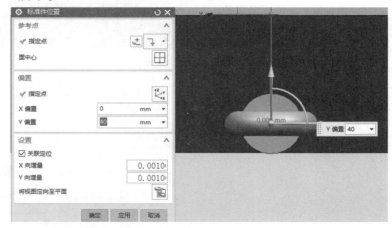

图3.2.21　调用吊环

根据模架的大小,较大模架可能需要多个吊环,具体操作与前面相同。

标准件基本调用完成后,还需要将标间与模架进行求差运算。单击软件上方功能区进入"应用模块"窗口,单击添加"注塑模向导",进入"注塑模向导"模块。单击功能区"腔体",弹出"腔体"对话框,目标选择定模座板、A板、B板、模脚、顶针板、顶针背板、动模座板。工具体选择剩下的所有组件(可直接进行框选)。单击"确定"开始运算,如图3.2.22所示。

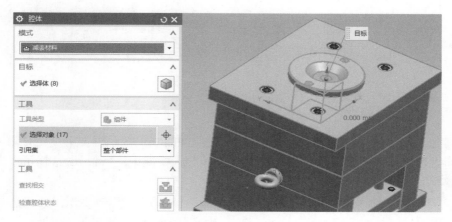

图 3.2.22　减去腔体材料

　　完成求差运算后,对调用的标准件进行几何体链接,链接成功后可进入"装配导航器"将原本的组件体删除,然后进入"部件导航器"将所有链接体进行消参(可直接框选窗口内所有部件进行)。调用的定位环与浇口套会有所重叠,需要对浇口套与定位环进行求差运算,单击"减去"功能,弹出"求差"对话框,目标选择浇口套,工具选择定位环,在窗口设置中勾选"保留工具体",单击"确定"完成求差,如图 3.2.23 所示。

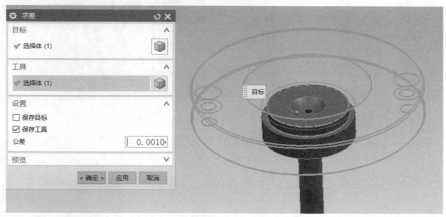

图 3.2.23　浇口套求差

　　由于用户在调用标准件时,需要给螺钉、浇口等地方给出避空位,调用的所有组件都带有避空体,在进行求差运算后,那些避空体就不需要了,可直接进行删除(注:在删除这种组件前一定要进行消参处理,避免在删除一些不需要的组件后,有些需要的体因与删除体有关联而被误删),如图 3.2.24 所示。

图 3.2.24　删除多余实体

3.3 其他成型结构的设计

3.3.1 侧抽芯结构设计

设计侧抽芯结构是为了满足制件成型需要,使制件能够正常脱模。用户在对侧抽芯结构进行设计时,可直接将前面设计好的型芯、型腔结构导入模架中进行设计,这样可以方便对模架的其他结构进行设计和完善。

单击"文件"→"导入"→"部件",弹出"导入部件"对话框,单击"确定"进入选择文件夹页面,选择前面绘制好的型芯、型腔文件。单击"确定"完成导入,如图3.3.1所示。

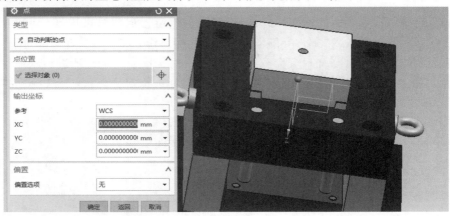

图 3.3.1　导入型芯、型腔

模架在调出 A 板、B 板后是一个没有腔体的方形体,需要使用型芯、型腔对 A、B 板进行减运算,单击选择软件上方功能区进入"主页"窗口,选择单击"减去",弹出"求差"对话框,目标体选择 B 板,工具体选择型芯,在设置中勾选保留工具,单击"确定"完成求差,如图3.3.2所示。

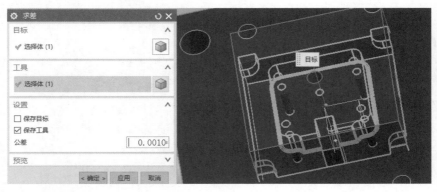

图 3.3.2　求差多余实体

在求差后 B 板上的腔体中还有多余的残料(由于导入的型芯体是经过编辑的,型芯体上有顶针孔和拉料孔等结构,所以通过求差出来的腔体还需要进行编辑)。单击软件上方功能区进入"主页"窗口。单击选择"替换面",弹出"替换面"对话框,在"要替换的面"选择残料上平面,替换面选择腔体底面。单击"确定"完成替换,如图 3.3.3 所示。

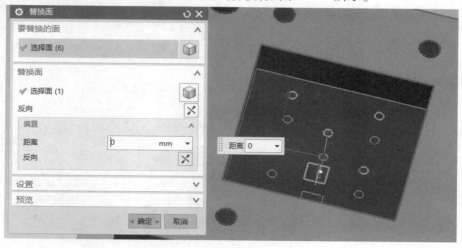

图 3.3.3 完成优化型腔腔体

通过求差后的腔体成型是无法进行正常加工的,需要进行避空孔的设计,通过在腔体四角处钻直径为 10 mm 的孔(具体大小根据实际情况决定),深度大于腔体深度。单击软件上方功能区进入"主页"窗口,选择单击"孔",弹出"孔"对话框,孔的类型选择常规孔;位置可直接捕捉腔体四角;形状设置为简单孔;直径尺寸设置为"10 mm",深度设置为"27 mm";布尔体选择"型芯体(求差)",单击"确定"完成编辑,如图 3.3.4 所示。

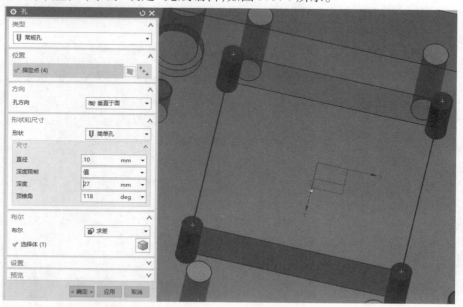

图 3.3.4 绘制腔体避让孔

侧抽芯的设计,在前面将型腔上的结构进行分割的基础上对其进行编辑。需要在原来的基础上再添加一个固定在模架上的滑块结构,创建一个草图,绘制一个能够在模架上实现前后滑动的滑块完成草图编辑,单击软件上方功能区的"拉伸"命令,弹出"拉伸"对话框,截面曲线选择绘制完成的草图;结束距离设置为"50 mm";布尔体选择侧抽成型体(求和),单击"确定"完成拉伸,如图 3.3.5 所示。

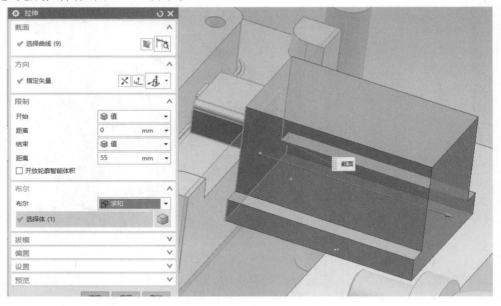

图 3.3.5　绘制侧抽

如要使侧抽结构前后移动,需进行斜面的设计和斜导柱的设计(斜面进行滑块推进,斜导柱实现滑块退后),创建草图绘制一个 15° 的线段和一个 13° 的线段,距离分别为距型芯侧面 36 mm 和 26 mm(具体尺寸以实际为准),完成草图绘制后。使用"拆分体"和"孔"命令对其进行编辑,如图 3.3.6 所示。

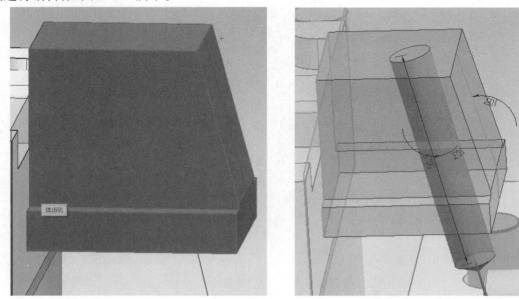

图 3.3.6　绘制侧抽斜面、斜孔

为了使滑块在进行开模时能有较大的力向后滑动,还需在滑块和型芯侧面接触面加设一个复位弹簧孔。位于滑块底基准面上方 9 mm 处绘制一个直径为 11 mm 的平底孔,可创建草图进行编辑,也可直接使用"孔"命令进行求差(孔的位置、大小仅供参考,具体尺寸根据实际情况确定)。完成后对滑块进行倒角,如图 3.3.7 所示。

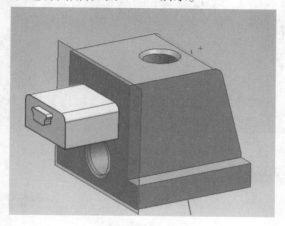

图 3.3.7 绘制侧抽弹簧孔,并完善侧抽

完成一侧的滑块设计后,另一侧的滑块设计与其相同(也可直接使用"镜像特征",直接将设计完成的滑块直接镜像),如图 3.3.8 所示。

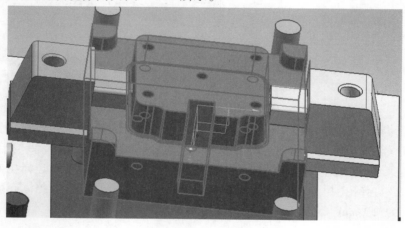

图 3.3.8 镜像侧抽

完成滑块个体设计后,还需对 B 板进行编辑(滑块的滑动轨道),可直接使用设计完成的滑块与 B 板进行求差运算,然后将 B 板上的形状进行分割、消参、删除,单击软件上方的"减去"命令,弹出"求差"对话框,目标体选择"B 板",工具体选择已设计完成的滑块,在设置中勾选"保留工具",单击"确定"完成求差。然后单击"拆分体",弹出"拆分体"对话框,目标选择"B 板","工具选项"选择"拉伸",截面可直接捕捉实体边,单击"确定"完成拆分,然后进行消参处理,删除多余残料,如图 3.3.9 所示。

完成 B 板上的侧抽芯结构设计后,在 A 板上还需设计一些结构与其进行配合,完成滑块前后滑动的整个过程。由于在模架调出后,A 板是一个没有腔体的方形体,需要使用型腔对 A 板进行减运算,单击选择软件上方功能区进入"主页"窗口,选择单击"减去",弹出"求差"对话框,目标体选择 B 板,工具体选择型芯,在设置中勾选保留工具,单击"确定"完成求差,如图 3.3.10 所示。

图 3.3.9　B 板绘制侧抽滑动槽

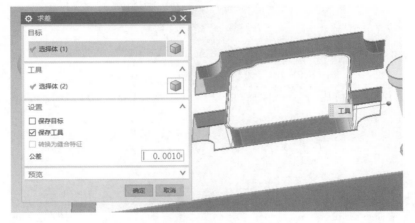

图 3.3.10　求差型腔多余体

使用型腔体将 A 板进行减运算后,可从图 3.3.10 中看出还有不少的残料,仍需进一步对 A 板进行编辑。可直接使用拉伸命令对 A 板进行求差。单击选择"菜单"→"插入"→"设计特征"→"拉伸",弹出"拉伸"对话框,也可在软件上方功能区"主页"窗口选择拉伸命令(也可使用快捷键"X"),弹出"拉伸"对话框,截面曲线可直接捕捉求差成型后腔体底面的轮廓线,结束距离设置为"50 mm"(可将残料完全求差完即可),布尔体选择"A 板",单击"确定"完成求差,如图 3.3.11 所示。

图 3.3.11　拉伸求差型腔腔体

　　通过求差后的腔体成型是无法进行正常加工的,需要进行避空孔的设计,通过在腔体四角处钻直径为 10 mm 的孔(具体大小根据实际情况确定),深度应大于腔体深度。单击软件上方功能区进入"主页"窗口,选择单击"孔",弹出"孔"对话框,孔的类型选择常规孔;位置可直接捕捉腔体四角;形状设置为简单孔;直径尺寸设置为"10 mm",深度设置为"37 mm";布尔体选择型芯体(求差),单击"确定"完成编辑,如图 3.3.12 所示。

图 3.3.12　绘制 A 板腔体避让孔

　　滑块绘制完成后,还需在 A 板上绘制一个与滑块配合的滑块座,滑块在开模、合模时使其前后滑动。在 A 板分型面上创建一个草图,进入草图绘制一个 30 mm×50 mm 的矩形(位置参考滑块中心绘制),草图绘制完成后。单击选择"菜单"→"插入"→"设计特征"→"拉伸",弹出"拉伸"对话框。也可在软件上方功能区"主页"窗口选择拉伸命令(也可使用快捷键"X"),弹出"拉伸"对话框,截面曲线选择绘制完成的草图,开始距离为"-5 mm";结束距离为"30 mm"。布尔运算设置为"无",单击"确定"完成编辑,如图 3.3.13 所示。

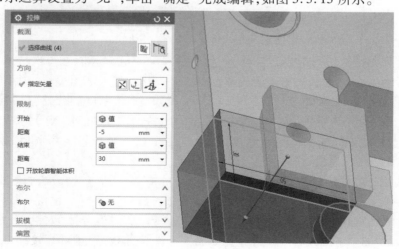

图 3.3.13　拉伸侧抽推进块体

拉伸出的基体还需进行进一步编辑,从而达到与滑块配合的结构。将建立的方体和制件进行求差运算。单击软件"主页"窗口的"减去"功能,弹出"求差"对话框,目标选择建立的方体,工具选择滑块,在设置中勾选保留工具,单击"确定"完成编辑,如图 3.3.14 所示。

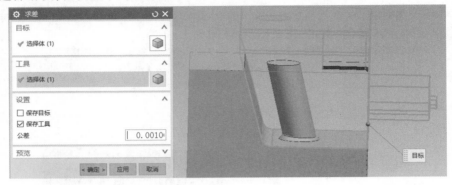

图 3.3.14　侧抽推进块求差

将方体进行求差后得到的体存在许多残料,因此需要一定的避空。在对滑块座进行编辑前,还需对滑块与滑块座进行消参处理。单击"菜单"→"编辑"→"特征"→"移除参数",弹出"移除参数"对话框,对象可直接框选滑块和滑块座。单击"确定"完成消参。消参完成后对部件无须配合的面进行偏置,在会与滑块产生碰撞的地方倒角,实现圆角导向作用,还需对滑块座两侧进行偏置处理,以避免与 B 板产生碰撞,如图 3.3.15 所示。

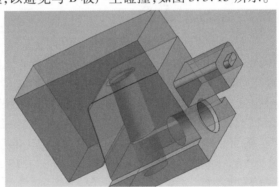

图 3.3.15　绘制编辑侧抽推进块

滑块座需要与滑块进行配合,使滑块进行前后滑动时的距离能够每次一致,所以还需在滑块座背面设置一个与 A 板精密配合的体,创建一个草图,进入草图编辑一个 20 mm×20 mm的矩形,完成草图,单击选择"菜单"→"插入"→"设计特征"→"拉伸",弹出"拉伸"对话框。也可在软件上方功能区"主页"窗口选择拉伸命令(也可使用快捷键"X"),弹出"拉伸"对话框,截面曲线选择绘制完成的草图矩形,结束距离设置为"5",布尔运算选择"求和",布尔体为滑块座,单击"确定"完成编辑,如图 3.3.16 所示。

定位结构设计完成后,由于滑块体与斜导柱成一个整体,所以还需要对该部件进行分割。单击"菜单"→"插入"→"修剪"→"拆分体",弹出"拆分体"对话框。也可在软件上方的功能区"主页"窗口中单击打开"更多",单击"拆分体"功能,弹出"拆分体"对话框,目标体选择滑块座,工具选项处选择拉伸分割,截面可直接捕捉部件轮廓线,矢量可直接捕捉柱体中轴线,单击"确定"完成拆分,如图 3.3.17 所示。

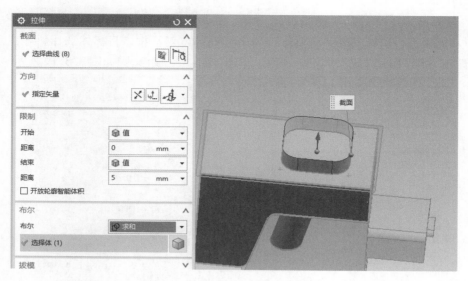

图 3.3.16　绘制拉伸侧抽推进块定位块

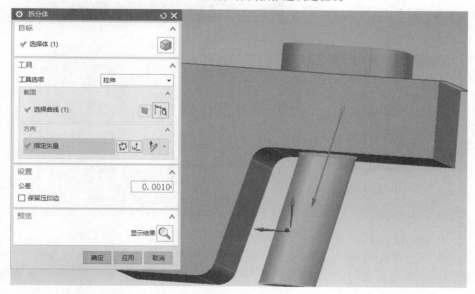

图 3.3.17　拆分斜导柱

　　完成斜导柱的拆分后斜导柱后面还有一个挂台,需要创建一个基准坐标系,单击软件上方主页功能区,单击"基准平面"下拉窗口,选择"基准 CSYS",弹出"基准 CSYS"对话框,在窗口内的类型处选择"Z 轴、Y 轴、原点",然后对其分别进行捕捉。单击"确定"完成创建。以创建的坐标为基础,创建草图进行绘制,绘制一个直径为 14 mm 的圆,完成草图,并进行拉伸。拉伸开始距离为"-2 mm",结束距离为"6 mm",布尔运算体为原本斜导柱体(求和),如图 3.3.18 所示。

　　拉伸完成的基体需要与部件进行求差运算。单击选择软件上方功能区进入主页窗口,选择单击"减去",弹出"求差"对话框,目标选择滑块座,工具选择为斜导柱,在设置中勾选保留工具,单击"确定"完成求差,求差完成后将斜导柱顶面进行偏置,后对斜导柱进行修剪。单击

"菜单"→"插入"→"修剪"→"修剪体",弹出"修剪体"对话框,也可直接在软件上方的"主页"窗口功能区进行选择,选择"修剪体",弹出"修剪体"对话框。目标体选择斜导柱,工具选项处设置为"新建平面",选择滑块座顶面。单击"确定"完成修剪,如图 3.3.19 所示。

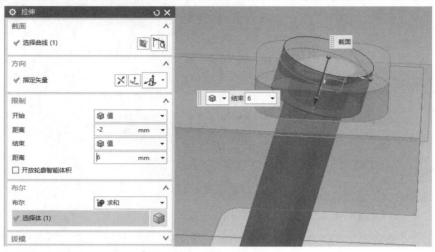

图 3.3.18   绘制完善斜导柱

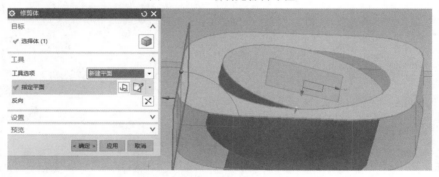

图 3.3.19   修剪斜导柱

单侧的滑块座设计完成后,还需对另一侧的滑块座进行编辑设计。由于两侧滑块的位置和形状基本相同,所以可直接使用"镜像特征"进行操作,单击"菜单"→"插入"→"关联复制"→"镜像特征",弹出"镜像特征"对话框,也可在软件上方的主页窗口功能区进行选择,单击"更多"下拉窗口,弹出"镜像特征"对话框,选择需要镜像的特征,镜像平面可直接选择为坐标 Y-Z 平面。单击"确定"完成镜像,如图 3.3.20 所示。

侧抽芯结构设计完成后,A 板与滑块结构有所干涉,所以还需对 A 板进行求差运算。单击选择软件上方功能区进入"主页"窗口,选择单击"减去"命令,弹出"求差"对话框,目标体选择为 A 板,工具体选择为侧抽芯结构体,在设置中勾选保留工具,单击"确定"完成求差运算。求差运算完成后,A 板会出现一部分的残料,将 A 板消参后可直接对多余的体或不平整的面进行替换,如图 3.3.21 所示。

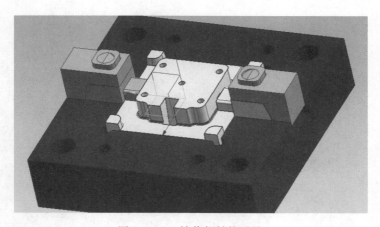

图 3.3.20 镜像侧抽推进块

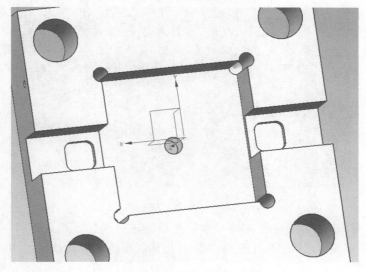

图 3.3.21 求差侧抽推进块

3.3.2 斜顶结构设计

在前面导入的体中包含了斜顶部件,这里需要对斜顶与模架进行配合,使斜顶在模架上能够完成和进行一定的运动。由于用户导入的斜顶部件长度无法接触与顶针板的配合,所以还需要对斜顶进行偏置延长,使斜顶地面能够与顶针板底面重合。单击软件上方主页窗口,进入功能区,选择单击"偏置区域",弹出偏置区域对话框,区域选择为"斜顶底面",距离设置为"100 mm"(大于实际距离,后可进行替换面),如图 3.3.22 所示。

斜顶设计完成后在顶针板上还需进行一定程度的配合,使用"减去"命令;目标为顶针板;工具为斜顶部件,在设置中勾选"保留"工具。单击"确定"完成求差。后在顶针板背面创建一个草图,绘制一个 20 mm×30 mm 的矩形,完成草图后使用拉伸命令对该草图进行拉伸求差运算,结束距离设置为 6 mm(作为限位销钉槽),单击"确定"完成拉伸。还需对台阶下的斜面进行替换,如图 3.3.23 所示。

对斜顶进行定位设计,通过在斜顶侧面创建草图,距斜顶底 4 mm 处面绘制一个直径为

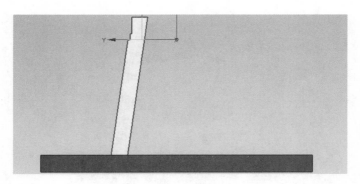

图 3.3.22　偏置斜顶

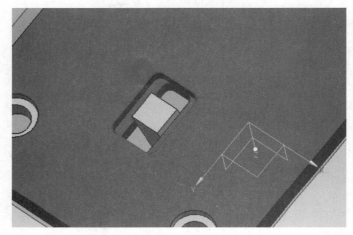

图 3.3.23　绘制斜顶顶针固定挂台

4 mm 的圆,完成草图的绘制,使用"拉伸"命令对草图进行拉伸。单击选择"菜单"→"插入"→"设计特征"→"拉伸",弹出"拉伸"对话框。也可在软件上方功能区主页窗口选择拉伸命令(也可使用快捷键"X"),弹出"拉伸"对话框,截面曲线选择绘制完成的草图。开始距离为0;结束距离为20mm,布尔运算设置为"无",单击"确定"完成拉伸。然后使用拉伸体对斜顶部件进行求差运算,完成后并倒角,如图3.3.24所示。

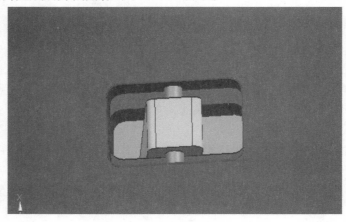

图 3.3.24　绘制斜顶定位销

顶针板上的固定位设计完成后,斜顶在通过B板时与B板有所干涉,所以还需对B板进行编辑处理,使用斜顶为工具对B板进行减运算后,在B板腔体底面创建一个草图,捕捉减运算后的矩形中心绘制一个直径为30mm的圆(在不干扰其他结构的前提下),完成草图绘制,使用"拉伸"命令,单击选择"菜单"→"插入"→"设计特征"→"拉伸",弹出"拉伸"对话框。也可在软件上方功能区主页窗口选择"拉伸"命令(也可使用快捷键"X"),弹出"拉伸"对话框,截面曲线选择绘制完成的草图。开始距离为"0";结束距离可直接设置为贯穿(求差),单击"确定"完成拉伸,如图3.3.25所示。

图3.3.25 绘制B板斜顶避让孔

3.4 脱模、复位结构设计

3.4.1 拉料杆结构设计

在热塑性塑料注射模中,一般都设有冷料穴,其作用是用来储藏注射间隔期间喷嘴前端的冷料,防止冷料进入大型腔而影响塑件的质量。但冷料穴存留的冷料,在模具开启后,必须与塑件一起通过拉料杆将其推出模外,以便于下一个行程塑件的注射成型。拉料杆的作用,即是在开模时把主浇道凝料从主浇道衬套中拉出来和将冷料从冷料穴中顶出去。

常用的拉料杆结构形式主要有以下几种:

(1)钩形拉料杆

钩形拉料杆的特点是:拉料杆头部的钩形可将主浇道凝料钩住并将其从主浇道中拔出,因为拉料杆的尾部固定在模具推杆固定板上,所以在塑件推出的同时,凝料也被推出。这种钩形拉料杆只适用于塑件在脱模时允许左右移动的模具中,有的塑件在脱模时不能左右移动,故不能采用这种钩形拉料杆。

(2)球头拉料杆

球头拉料杆的结构形式:熔融塑料进入冷料穴后,紧包在拉料杆的球头上,开模时将主浇道凝料从主浇道衬套中拉出,球头拉料杆的底部固定在动模一边的型芯固定板上,不随顶出机构移动。当推件板推动塑件时,就将主浇道凝料从球形头拉料杆上强制脱出。故这种拉料杆只适用于塑件以推件板为起模机构的模具中。

(3)锥形拉料杆

锥形拉料杆结构:锥形拉料杆没有存储冷料的作用,它根据塑料收缩时的包紧力将主浇道拉出,为了增加锥面摩擦力可采用小锥度或增加锥面的表面粗糙度来实现。锥形拉料杆的尖端还起分流作用,常用于成型带有中心孔塑件的型腔模具。此外,对于弹性较好的塑件,有时可以不用拉料杆,即将冷料穴设计成倒锥形或带有圆环槽的形式,其冷料即主浇道的凝料依靠在底部的推杆强制推出即可实现。

进行拉料杆的设计时可直接使用"拉伸"命令。单击选择"菜单"→"插入"→"设计特征"→"拉伸",弹出"拉伸"对话框。也可在软件上方功能区主页窗口选择"拉伸"命令(也可使用快捷键"X"),弹出"拉伸"对话框,截面曲线可直接捕捉导入型芯件的拉料孔的轮廓曲线,结束距离为型芯顶面到顶针板背面的距离,布尔运算为"无",单击"确定"完成拉伸,后在顶针板背面创建草图,以拉伸的圆心为中心,绘制一个直径为9 mm的圆,完成草图,使用拉伸命令对绘制的草图进行拉伸求和处理(合并体为拉伸出的拉料杆)。继续使用"减去"命令,目标体为顶针板;工具体为拉料杆,在设置中勾选保留工具,单击"确定"完成求差。再对顶针板进行避空设置,如图3.4.1所示。

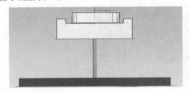 

图3.4.1　绘制拉料杆

拉料杆的结构设计,就是在一个圆柱体上进行编辑。创建草图绘制一个倒扣的形状,完成草图后使用拆分体命令。单击软件上方功能区进入主页窗口,单击"拆分体"进入"拆分体"对话框,目标选择为"拉料杆";工具选项设置为"拉伸";截面曲线选择绘制的草图,单击"确定"完成拆分,如图3.4.2所示。

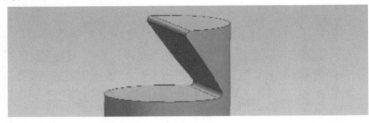

图3.4.2　完成拆分

3.4.2　推管结构设计

推管设计就是为了实现制件的顶出。推管一般设计在螺丝孔柱子处,图中的推管可直接使用拉伸命令。单击选择"菜单"→"插入"→"设计特征"→"拉伸",弹出"拉伸"对话框。也可在软件上方功能区主页窗口选择拉伸命令(也可使用快捷键"X"),弹出"拉伸"对话框,截面曲线可直接捕捉导入型芯件推管孔的轮廓曲线,结束距离为型芯顶面到顶针板背面的距离,布尔运算为"无",单击"确定"完成拉伸;然后在顶针板背面创建草图,以拉伸的圆心为中心,绘制一个直径为9 mm的圆,完成草图,使用"拉伸"命令对绘制的草图进行拉伸,拉伸长度为5 mm(具体长度根据实际为准),使用"合并"命令对两次拉伸的体进行合并,如图3.4.3所示。

推管拉伸合并完成后,需要使用推管与顶针板进行求差运算,单击软件上方的功能区,进入主页窗口,单击选择"减去"命令。弹出"求差"对话框,目标体选择顶针板;工具体选择所有推管,在"设置"中勾选保留工具,单击"确定"完成求差。求差完成后还需对顶针板部分无须配合面进行避空处理,如图 3.4.4 所示。

图 3.4.3　绘制推管

图 3.4.4　求差推管、拉料杆放置位

在完成推管和拉料杆的绘制后,绘制成型后的组件与 B 板有所干涉,需要使用"减去"命令对其进行编辑。单击软件上方的功能区,进入主页窗口,单击选择"减去"命令。弹出"求差"对话框,目标体选择 B 板;工具体选择所有推管和拉料杆,在设置中勾选保留工具,单击"确定"完成求差。求差完成后还需对 B 板部分无须配合面进行避空处理,如图 3.4.5 所示。

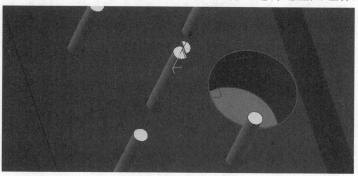

图 3.4.5　绘制 B 板拉料杆、推管避让孔

完成推管设计后还需进行推针的设计,在型芯顶创建草图,捕捉推管中心,绘制直径为 2.5 mm 的圆(根据实际情况决定)。完成绘制后,使用"拉伸"命令对绘制的草图进行拉伸。单击选择"菜单"→"插入"→"设计特征"→"拉伸",弹出"拉伸"对话框。也可在软件上方功

69

能区主页窗口选择拉伸命令(也可使用快捷键"X"),弹出"拉伸"对话框,截面曲线选择草图,结束距离为型芯顶面到动模座板背面偏置 5 mm 的距离,布尔运算为"无",单击"确定"完成草图。后在动模座板背面偏置 5 mm 处创建草图,以拉伸的圆心为中心,绘制一个直径为 6 mm 的圆,完成草图,使用拉伸命令对绘制的草图进行拉伸,拉伸长度为 5 mm(具体长度根据实际为准),使用"合并"命令对两次拉伸的体进行合并,如图 3.4.6 所示。

推针的位置固定是通过在动模座板底部上无头螺丝进行的,所以还需对动模座板进行钻螺纹孔,单击软件上方的主页进入窗口,选择"孔命令"进入对话框。类型设置为"螺纹孔""位置"可直接捕捉推针底部圆心,螺纹大小设置为"M8 ∗ 1.25",螺纹深度设置为"10";顶锥角设置为"0deg",布尔体选择"动模座板(求差)",单击"确定"完成编辑,如图 3.4.7 所示。

图 3.4.6　绘制推针挂台　　　　图 3.4.7　绘制推针固定螺纹孔

完成推针的设计后,推针经过的所有组件都需进行求差运算,使用"减去"命令,对推管、顶针背板、动模座板进行求差。单击软件上方的功能区进入主页窗口,选择"减去"命令,进入窗口后依次进行求差运算。求差完成后还可对无须配合的面进行偏置避空,如图 3.4.8 所示。

图 3.4.8　绘制推管放置位

3.4.3　复位杆,复位弹簧设计

复位杆是注射模推出机构的辅助装置,每次制品脱模后,为了继续注射成型,推出机构必须回到原来位置。为此,除推板推出方式外,一般常见的脱模形式均需设置复位装置。

复位杆的作用如下所述。

①复位杆主要起引导推杆板复位的作用。

②在小型的模具中,复位杆套上弹簧,在推杆将产品推出后,弹簧将推杆板弹回复位。

③在大型模具中,由于弹簧的弹力无法将推杆板推回复位,这时要想将推杆复位,就要用到复位杆了。这时将模具合起来,定模板就会推动复位杆将推杆板推回了,从而实现复位。

由于在调用模架时复位杆已经调出,所以无须再进行复位杆的调用,但需对复位弹簧进行调用。单击软件上方功能区进入"注塑模向导"选项,单击选择"标准件库",在"重用库"窗口中找到"UNIVERSAL-MM"文件夹进入"Springs"文件夹,单击选择第二个标准件窗口,进入"标准件管理"窗口,将"DIAMETER"设置为"25";将"LENGTH"设置为"45";将"COMORESS-L"设置为"5";位置选择顶针板向上一面,单击"确定"完成参数编辑。进入"标准件位置"窗口,位置可直接捕捉复位杆圆心。单击"确定"完成调用,如图 3.4.9 所示。

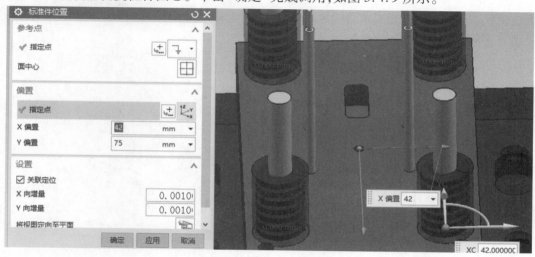

图 3.4.9　复位弹簧的调用

调用的复位弹簧组件还需进行求差运算,使用"注塑模向导"中的"腔体",进入窗口后目标选择 B 板,工具选择调出的 4 个复位弹簧组件,单击"确定"完成运算,运算成功后在"装配"窗口下单击选择"WAVE 几何链接器",对调出的复位弹簧进行几何链接。链接成功后进行消参处理,如图 3.4.10 所示。

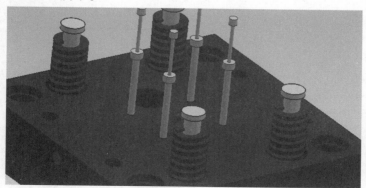

图 3.4.10　求差复位弹簧

3.5 冷却系统设计

注塑模具冷却系统的冷却水在一般情况下工作时,水不停地在循环。只有在冬天温度很低的情况下,模具本身的温度很低,这时如果打开冷却循环水,型腔就会充不满,此时,冷却循环水才可以短时间关闭,等到注塑材料填充一段时间后,模具温度升高再打开冷却系统,对模具进行降温处理。

对型芯、型腔进行草图绘制,绘制冷却水路的中轴线,绘制完成后进入"注塑模向导"窗口。选择"水路样图"进入窗口,通道路径选择绘制的线段,通道直径设置为 6 mm(根据实际情况决定)。单击"确定"完成水路的设计,设计出的水路是一个实体,需要与型芯、型腔进行求差运算,如图 3.5.1 所示。

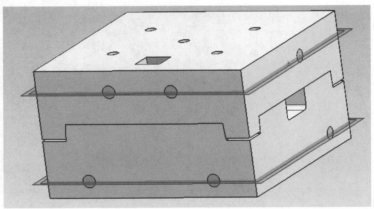

图 3.5.1 绘制型芯、型腔水路

将 A 板、B 板进行拉伸求差运算,单击选择"菜单"→"插入"→"设计特征"→"拉伸",弹出"拉伸"对话框。也可在软件上方功能区主页窗口选择拉伸命令(也可使用快捷键"X"),弹出"拉伸"对话框,截面曲线可直接捕捉水路的轮廓曲线,结束距离设置为"60 mm",布尔体选择"A 板、B 板(求差)",在偏置出口选择单边偏置"3 mm",单击"确定"完成拉伸,如图 3.5.2 所示。

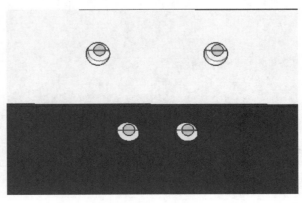

图 3.5.2 绘制 A 板、B 板水路连接孔

下面对水嘴进行调用,单击软件上方"注塑模向导"进入窗口,选择单击"标准件库",在"重用库"窗口中找到"MEUSBURGER-ENGLISH"文件夹,并打开"Cooling"文件夹,双击打开第三组组件,将"d"设置为"10","L"设置为"70","d4"设置为"10","SW"设置为"12","d2"设置为"5","I7"设置为"10"。单击"确定"完成参数的编辑。进入标准件位置窗口,可直接捕捉水路孔圆心,单击应用完成调用,如图 3.5.3 所示。

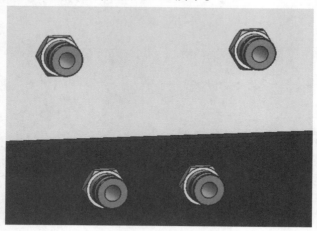

图 3.5.3　调用水嘴

完成整套模架的调用和设置如图 3.5.4 所示。

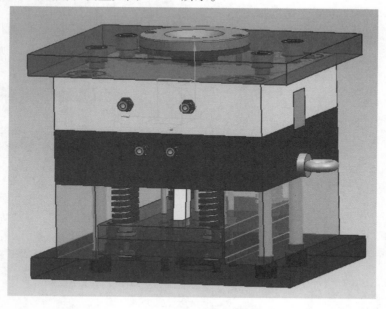

图 3.5.4　完整模架三维装配

第 **4** 章
注塑零件 CAM

4.1 主要成型零件加工

4.1.1 型腔零件 CAM

1）进入加工模块

单击选择"应用模块"→"加工"（或直接按快捷键"Ctrl+Alt+M"进入），弹出"加工环境"对话框，如图 4.1.1 所示。采用软件默认选项即可，单击"确定"，如图 4.1.2 所示，即进入加工模块。

图 4.1.1　进入加工模块　　　　　　　　　　图 4.1.2　"加工环境"对话框

2）设置加工坐标系

①在"工序导航器-几何"空白位置单击鼠标右键,选择"几何视图"选项,将导航器切换至几何视图,如图 4.1.3 所示。

②单击选择"MCS_MILL"后单击鼠标右键,选择"编辑"选项,如图 4.1.4 所示。弹出"MCS 铣削"对话框将安全距离改为"100",如图 4.1.5 所示。选择该工件中心为加工坐标系原点,如图 4.1.6 所示。

图 4.1.3　切换几何视图

图 4.1.4　进入 MCS 编辑

图 4.1.5　"MCS 铣削"对话框

图 4.1.6　选择工件坐标系

3）设置加工几何体

单击 ⊞ 展开选项,如图 4.1.7 所示。单击"WORKPIECE"后单击鼠标右键,选择"编辑"选项,如图 4.1.8 所示。弹出"工件"对话框,如图 4.1.9 所示。单击"指定部件",如图 4.1.9 所示。弹出"部件几何体"对话框后单击选择模型并选择加工部件,如图 4.1.10 所示,然后单击"确定"。单击"指定毛坯",如图 4.1.11 所示。弹出"毛坯几何体"对话框,单击选择包容块,如图 4.1.12 所示,然后单击"确定"。

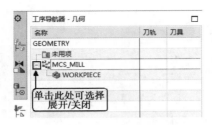

图 4.1.7　展开选项　　　　　　　图 4.1.8　编辑几何体

图 4.1.9　工件　　　　　　　　图 4.1.10　指定部件

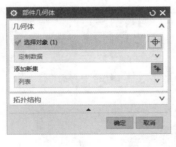

图 4.1.11　选择加工部件

4）创建刀具

①所需创建刀具见表 4.1.1。

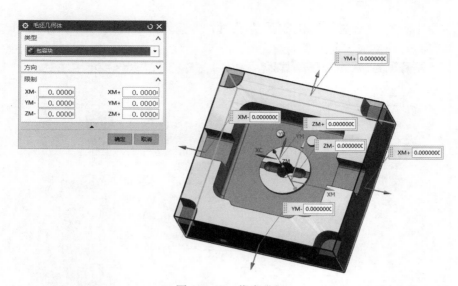

图 4.1.12　指定毛坯

表 4.1.1　刀具清单

刀号	名称	规格
1	直柄机甲刀（配刀片）	$\phi17$ mm
2	直柄立铣刀	$\phi8$ mm
3		$\phi6$ mm
4		$\phi4$ mm
5	球头铣刀	$\phi6R0.5$
6		$\phi4R0.5$
7		$\phi6R3$

②创建加工所需要的刀具。下面就以创建 1,5,7 号刀为例,具体操作如下所述。

将"工序导航器"切换到"机床视图"的导航栏,再用鼠标右键单击"未用项"→"插入"→"刀具"创建刀具,如图 4.1.13 所示。

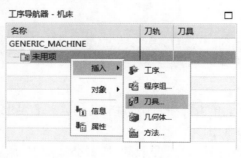

图 4.1.13　刀具创建导航图

弹出"创建刀具"对话框。选择刀具子类型"MILL",并输入刀具名称"D17",然后单击选择"确定",如图 4.1.14 所示。

弹出"铣刀参数"对话框。单击选择"直径"栏,并输入刀具直径"17",然后单击"确定",如图 4.1.15 所示,即完成当前刀具创建。

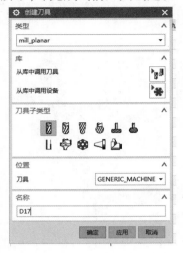

图 4.1.14 创建刀具对话框

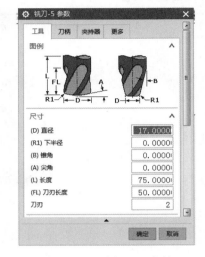

图 4.1.15 编辑刀具参数

继续创建 5 号刀具,如图 4.1.15 所示选择将铣刀参数直径改为"6",下半径改为"0.5",如图 4.1.16 所示,单击"确定"即可完成 $\phi 6R0.5$ 刀具创建。

继续创建 7 号刀具,如图 4.1.17 所示弹出"创建刀具"对话框。选择刀具子类型"mill-planar",并输入刀具名称"6R3",然后单击选择"确定"。

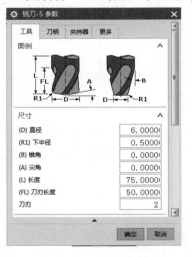

图 4.1.16 修改参数

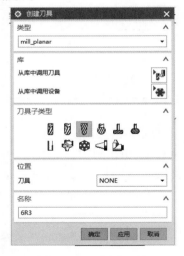

图 4.1.17 创建刀具

弹出"铣刀参数"对话框,单击选择"直径"栏,并输入球直径"6",然后单击"确定",如图 4.1.18 所示,即完成当前刀具创建。

根据以上操作分别创建出 2,3,4,6 号刀具,如图 4.1.19 所示。

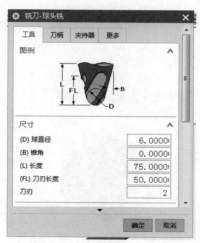

图 4.1.18　创建刀具参数

图 4.1.19　刀具列表

5）创建及编辑加工工序

①单击"WORKPIECE"后单击鼠标右键，选择"插入"→"工序"，如图 4.1.20 所示；弹出"创建工序"对话框，如图 4.1.21 所示。单击展开"类型"选项，单击选择"mill_contour"，如图 4.1.22 所示；单击选择"型腔铣"后单击"确定"，如图 4.1.23 所示。

图 4.1.20　插入工序

图 4.1.21　创建工序

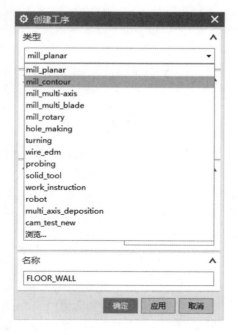

图 4.1.22　展开类型

图 4.1.23　选择型腔铣

单击型腔铣"CAVITY_MILL"后单击鼠标右键,选择"编辑",如图 4.1.24 所示;弹出"型腔铣"对话框,如图 4.1.25 所示。单击展开"工具"选项,再展开"刀具",单击选择"D17"铣刀,如图 4.1.26 所示;展开"切削模式",单击选择"跟随部件",单击选择"平面直径百分比",更改为"70%",并单击选择"最大距离",更改为"0.5 mm",如图 4.1.27 所示。

图 4.1.24　选择编辑

图 4.1.25　"型腔铣"对话框

图 4.1.26 展开刀具　　　　　　　　　　图 4.1.27 展开刀轨设置

单击选择切削参数弹出"切削参数"对话框,单击展开"切削顺序"选项,单击选择"深度优先",如图 4.1.28 所示;单击选择"余量",单击选择"部件测面余量"更改为"0.2"。内、外公差均更改为"0.01",单击选择"连接",把"开放刀路"改为"变换切削方向",如图 4.1.29 所示,最后单击"确定"。

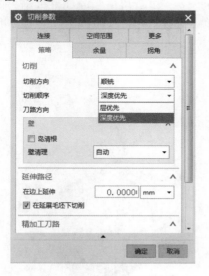

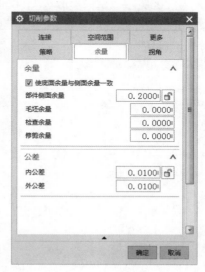

图 4.1.28 展开切削顺序　　　　　　　　图 4.1.29 设置余量

单击选择"非切削参数"选项,弹出"非切削参数"对话框,单击展开封闭区域"进刀类型"选项,单击选择"沿形状斜进刀",单击选择"斜坡角度"更改为"0.5","高度"更改为"0.5 mm"。开放区域:展开"选择圆弧",如图 4.1.30 所示。单击选择"转移/快速",区域内单击展开"转移类型"选项,单击选择"直接",然后单击"确定",如图4.1.31、图4.1.32所示。

图4.1.30 展开开放刀路　　　　图4.1.31 "非切削参数"对话框　　　图4.1.32 "转移/快速"对话框

单击选择"进给率和速度"选项,弹出"进给率和速度"对话框,单击☑勾选"主轴速度"选项,单击更改为"2000","切削"更改为"1000mmpm"。单击"基于此值计算进给率和速度"即可完成计算,如图4.1.33所示,单击"确定"后单击选择"生成",即可生成刀轨,如图4.1.34所示,最后单击"确定"。

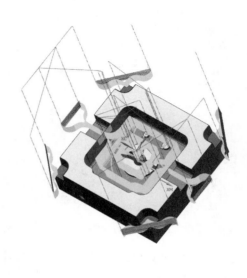

图4.1.33 "进给率和速度"对话框　　　　　　　图4.1.34 刀轨

②单击选择需要复制的程序"CAVITY_MILL"后单击鼠标右键,选择"复制",如图 4.1.35
所示;单击选择需要粘贴位置前一程序"CAVITY_MILL"后单击鼠标右键,选择"粘贴",如图
4.1.36 所示,即完成复制。

图 4.1.35 复制程序

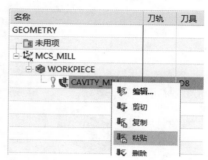

图 4.1.36 粘贴程序

③单击选择需编辑的程序"CAVITY_MILL_COPY"后单击鼠标右键,选择"编辑",将刀具
改为"D6",单击选择切削参数并弹出"切削参数"对话框,单击选择"空间范围"选项,单击展
开"参考刀具",选择"D17",单击选择"重叠距离"并更改为"2",如图 4.1.37 所示。单击选
择"余量",单击选择"部件测面余量",更改为"0.1",最后单击"确定"。

单击选择"非切削参数"选项,弹出"非切削参数"对话框,单击展开封闭区域"进刀类型"
选项,单击选择"与开放区域相同",单击选择"进给率和速度"选项,单击☑勾选"主轴速度"
选项,将转速更改为"3000","切削"更改为"750mmpm",单击"基于此值计算进给率和速度"
即可完成计算,单击选择"生成",即可生成刀轨,如图 4.1.38 所示,最后单击"确定"。

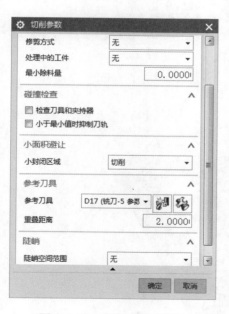

图 4.1.37 空间范围对话框

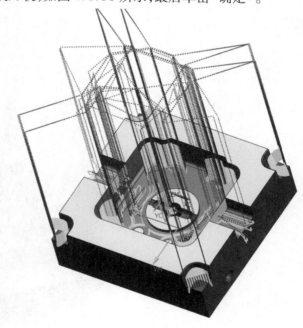

图 4.1.38 刀轨

④单击"WORKPIECE"后单击鼠标右键,选择"插入"→"工序",弹出"创建工序"对话
框。单击展开类型选项,单击选择"mill_contour",单击选择"深度轮廓铣",如图 4.1.39 所示,

然后单击"确定"。将刀具改为"D6R0.5",展开刀轨设置,单击选择"最大距离",并将其更改为"0.1",单击选择"切削区域",如图4.1.40箭头所指处所示。

图4.1.39　选择"深度轮廓铣"　　　　　　　图4.1.40　选择"切削区域"

单击选择切削参数并弹出"切削参数"对话框,单击选择"策略"选项,单击展开"切削方向"选择"混合",单击展开"切削顺序",选择"深度优先"。单击选择"连接",单击展开"层到层",选择直接对部件下刀。单击选择"进给率和速度"选项,单击☑勾选"主轴速度"选项,转速更改为"3200",将"切削"更改为"1500 mmpm",单击"基于此值计算进给率和速度"即可完成计算,单击选择"生成"即可生成刀轨,如图4.1.41所示,最后单击"确定"。

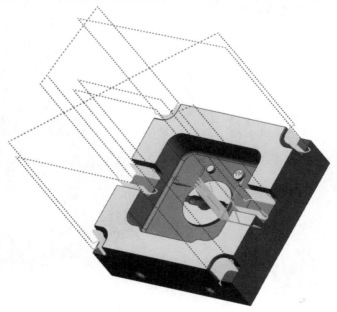

图4.1.41　刀轨

⑤分别绘制草图 $R3$ 流道中心线以及4 mm进料口中心线,如图4.1.42所示。

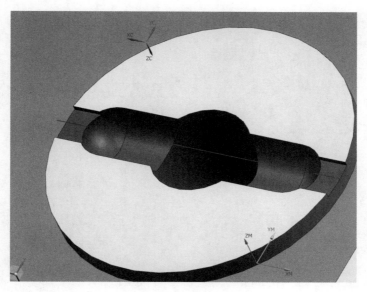

图 4.1.42　绘制草图 *R*3 流道中心线以及 4 mm 进料口中心线

⑥单击"WORKPIECE"后单击鼠标右键,选择"插入"→"工序",弹出"创建工序"对话框。单击展开类型选项,单击选择"mill_planar",单击选择"平面铣",如图 4.1.43 所示,然后单击"确定"。将刀具改为"D6R3",展开刀轨设置,单击选择"指定部件边界",弹出"边界几何体"对话框,如图 4.1.44 所示。

图 4.1.43　选择"平面铣"　　　　　　　　　　图 4.1.44　"边界几何体"对话框

单击展开模式选择"曲线/边",如图 4.1.45 所示,单击展开类型选择"开放的",刀具位置选择"对中",如图 4.1.46 所示。

图 4.1.45　选择曲线/边　　　　　　　　图 4.1.46　展开刀具位置

单击选择绘制的 *R*3 流道中心线,如图 4.1.47 所示;单击展开"刨",选择用户定义,弹出刨对话框如图 4.1.48 所示。

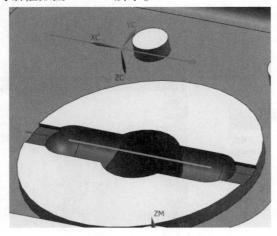

图 4.1.47　选择绘制的 *R*3 流道中心线　　　图 4.1.48　弹出刨对话框

单击展开类型选择"自动判断",并选择平面,如图 4.1.49 所示,单击"确定"。弹出"边界几何体"对话框,展开"凸边""凹边"选项,分别选择"对中",如图 4.1.50 所示,单击"确定"。弹出编辑边界对话框,选择"编辑",展开刀具位置,选择"对中"后单击确定。

单击选择指定底面,弹出刨对话框,展开类型选择"按某一距离",选择平面并单击距离输入"−3",如图 4.1.51 所示,单击"确定"。单击选择"非切削参数"选项,弹出"非切削参数"对话框,单击展开封闭区域"进刀类型"选项,单击选择"沿形状斜进刀",单击选择"斜坡角度"并更改为"0.5","高度"更改为"0.5 mm"。开放区域:展开选择与封闭区域相同后单击"确定"。单击选择"进给率和速度"选项,弹出"进给率和速度"对话框,单击▢勾选"主轴速度"选项,转速更改为"2500",将"切削"更改为"700mmpm",单击"基于此值计算进给率和速度"即可完成计算,单击选择"生成",即可生成刀轨,如图 4.1.52 所示,最后单击"确定"。

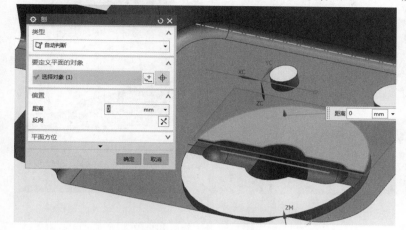

图 4.1.49　选择平面

图 4.1.50　刀具对中

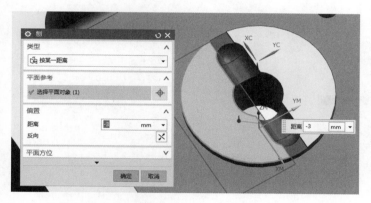

图 4.1.51　指定底面

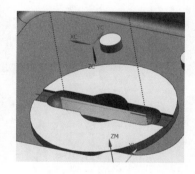

图 4.1.52　刀轨

⑦单击选择需要复制程序"PLANAR_MILL"后单击鼠标右键,选择"复制",单击选择需要粘贴位置前一程序"PLANAR_MILL"后单击鼠标右键,选择"粘贴"即完成复制。并双击编辑程序将边界更改为绘制的 4 mm 进料口中心线,将刀具改为"D4",单击选择指定底面,弹出刨对话框,展开类型选择按某一距离,并选择平面,如图 4.1.53 所示。单击选择"进给率和速度"选项,弹出"进给率和速度"对话框,单击勾选"主轴速度"选项,将转速更改为"4000","切削"更改为"800mmpm",单击"基于此值计算进给率和速度"即可完成计算,单击选择"生成"即可生成刀轨,如图 4.1.54 所示,最后单击"确定"。

⑧单击选择需要镜像的程序"PLANAR_MILL_1"后单击鼠标右键,选择展开"对象",如图 4.1.55 所示;单击选择"变换",弹出"变换"对话框,如图 4.1.56 所示。

<table><tr><td>图 4.1.53　指定底面</td><td>图 4.1.54　刀轨</td></tr></table>

图 4.1.55　单击选择"变换"　　　　　图 4.1.56　"变换"对话框

　　展开类型选择通过一平面镜像,展开指定平面选择二等分,如图 4.1.57 所示,选择对称平面,如图 4.1.58 所示,单击"确定",即完成刀路镜像如图 4.1.59 所示。

　　⑨单击选择需要复制的程序"PLANAR_MILL"后单击鼠标右键,选择"复制",单击选择需要粘贴位置前一程序"PLANAR_MILL"后单击鼠标右键,选择"粘贴",即完成复制。并双击编辑程序将边界更改为如图 4.1.60 所示,单击选择用户定义平面,选择平面,如图 4.1.61 所示,单击"确定"。

图 4.1.57　展开指定平面选择二等分

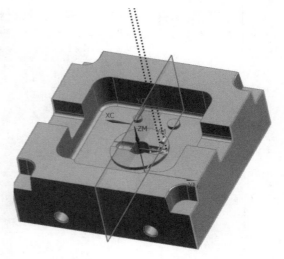

图 4.1.58　选择镜像平面

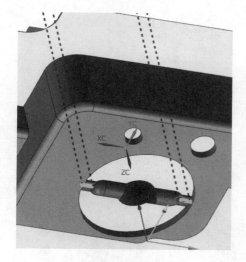

图 4.1.59　刀轨

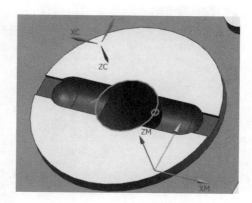

图 4.1.60　编辑程序边界

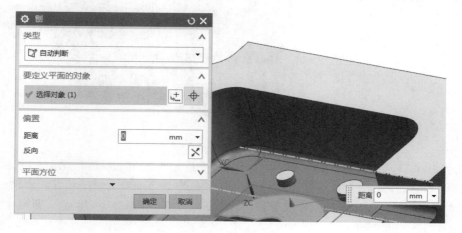

图 4.1.61　选择顶平面

单击选择类型,选择"封闭的",并单击展开材料侧选择外部,如图 4.1.62 所示。单击"确定"即可完成边界定义。单击指定底面,如图 4.1.63 所示。

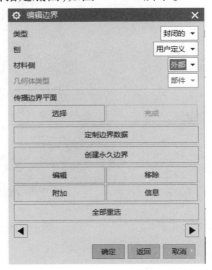

图 4.1.62　展开材料侧

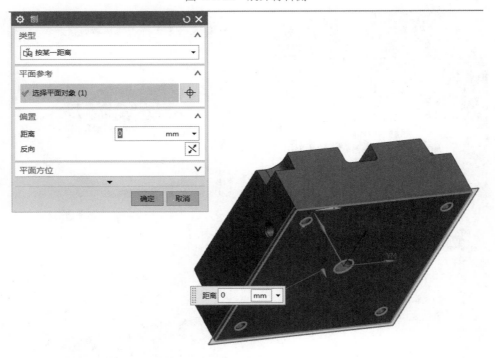

图 4.1.63　选择底平面

单击展开工具,将刀具更改为"D8",单击选择"进给率和速度"选项,弹出"进给率和速度"对话框,单击□勾选"主轴速度"选项,转速更改为"2500",将"切削"更改为"1000 mmpm",单击"基于此值计算进给率和速度"即可完成计算,单击选择"生成",即可生成刀轨,如图 4.1.64 所示,最后单击"确定"。

⑩单击"WORKPIECE"后单击鼠标右键,选择"插入"→"工序",弹出"创建工序"对话框。单击展开类型选项,单击选择"mill_planar",单击选择"底壁加工",如图 4.1.65 所示,然后单击"确定"。将刀具改为"D8",单击选择指定切削区底面,弹出"切削区域"对话框,选择如图 4.1.66 所示区域。

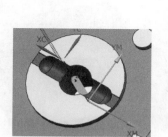

图 4.1.64　刀轨　　　　　　　　　　图 4.1.65　选择"底壁加工"

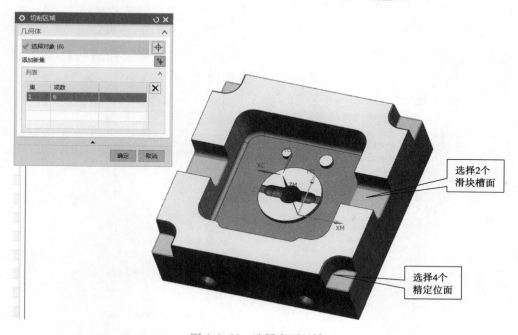

图 4.1.66　选择底面区域

单击"确定",展开"刀轨设置",单击展开切削模式,选择轮廓,单击选择附加到路更改为"1",如图 4.1.67 所示。单击选择"进给率和速度"选项,弹出"进给率和速度"对话框,单击勾选"主轴速度"选项,转速更改为"3000","切削"更改为"500 mmpm",单击"基于此值计算进给率和速度"即可完成计算,单击选择"生成",即可生成刀轨,如图 4.1.68 所示。

图 4.1.67　展开"刀轨设置"

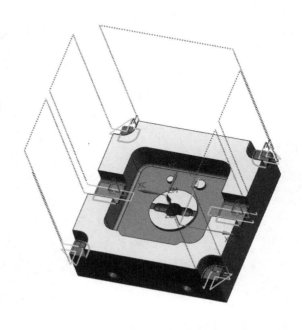

图 4.1.68　刀轨

⑪单击选择"应用模块"→"建模"→"曲面"→"更多"→"直纹",如图 4.1.69 所示。弹出"直纹"对话框,选择滑块槽边界如图 4.1.70 所示,单击"截面线串 2",选择对应另一边如图 4.1.71 所示,单击"确定"。

图 4.1.69　选择直纹面

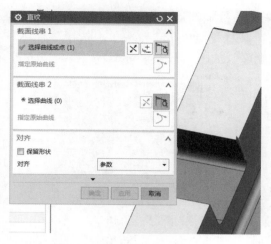
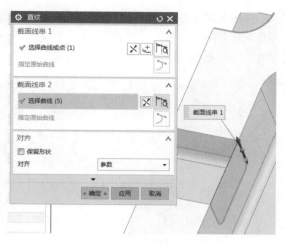

图 4.1.70　选择滑块槽边界　　　　图 4.1.71　选择对应另一边

⑫根据如上操作将另一边滑块槽直纹面创建如图 4.1.72 所示。

图 4.1.72　创建完成的直纹面

⑬单击选择"应用模块"→"加工",单击选择需要复制的部件"WORKPIECE"后单击鼠标右键,选择"复制",如图 4.1.73 所示;单击选择需要粘贴位置前一部件"WORKPIECE"后单击鼠标右键,选择"粘贴",即完成复制。

图 4.1.73　复制部件

双击部件"WORKPIECE_COPY_",将两个填补的直纹面添加为部件。单击部件"WORK-PIECE_COPY"左边"+"展开,单击选择第一个程序,按住键盘"Shift"键并单击选择最后一个程序,如图4.1.74所示,单击鼠标右键单击选择"删除",如图4.1.75所示。

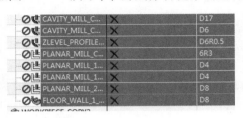

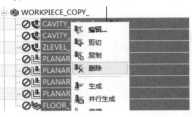

图4.1.74　框选程序　　　　　　　　　　图4.1.75　删除程序

⑭单击展开部件"WORKPIECE"程序,选择"复制",单击选择需要复制的程序"ZLEVEL_PROFILE_COPY_COPY"后单击鼠标右键,选择"复制",如图4.1.76所示;单击选择需要粘贴位置部件"WORKPIECE_COPY_"后单击鼠标右键,选择"内部粘贴",即完成复制,如图4.1.77所示。

图4.1.76　复制程序　　　　　　　　　　图4.1.77　粘贴程序

⑮双击鼠标左键"ZLEVEL_PROFILE_COPY_COPY_COPY"单击选择"切削区域",将列表所有选择删除,选择如图4.1.78所示,将刀具改为"D4R0.5"。单击选择"进给率和速度"选项,弹出"进给率和速度"对话框,单击□勾选"主轴速度"选项,将转速更改为"3200","切削"更改为"1500 mmpm",单击"基于此值计算进给率和速度"即可完成计算,单击选择"生成",即可生成刀轨,如图4.1.79所示,最后单击"确定"。

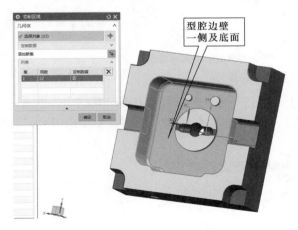

图4.1.78　选择加工区域　　　　　　　　图4.1.79　刀轨

⑯单击选择需要复制的程序"FLOOR_WALL_1E"后单击鼠标右键,选择"复制",如图4.1.80 所示。单击选择需要粘贴位置部件"WORKPIECE_COPY_"后单击鼠标右键,选择"内部粘贴",即完成复制,如图4.1.81 所示。

图 4.1.80　复制程序

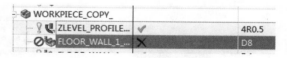

图 4.1.81　粘贴程序

双击鼠标左键"FLOOR_WALL_1_COPY"后单击选择"指定切削底面",将列表所有选择删除,选择如图4.1.82 所示,将刀具改为"D4"。单击选择切削模式,改为"跟随部件",单击"平面直径百分比"改为"70",单击"选择切削参数",弹出"切削参数"对话框,单击"选择连接",展开开放刀路,更改为"变化切削方向"。单击"确定"。单击选择"进给率和速度"选项,弹出"进给率和速度"对话框,单击☐勾选"主轴速度"选项,单击更改为"3200","切削"更改为"500 mmpm",单击"基于此值计算进给率和速度"即可完成计算,单击选择"生成",即可生成刀轨,如图4.1.83 所示。

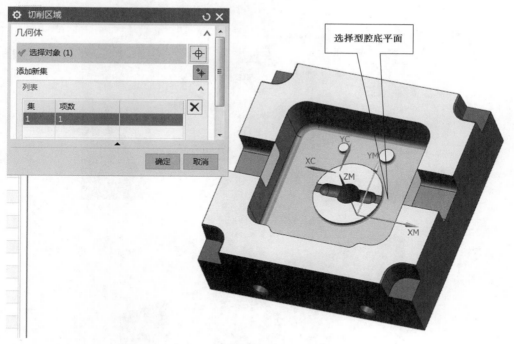

图 4.1.82　选择底平面

⑰单击选择需要复制的程序"FLOOR_WALL_1_COPY"后单击鼠标右键,选择"复制",如图4.1.84 所示;单击选择需要粘贴位置前一程序"FLOOR_WALL_1_COPY _"后单击鼠标右键,选择"粘贴",即完成复制。双击鼠标左键"FLOOR_WALL_1_COPY"单击选择"指定切削底面",将列表所有选择删除,选择如图4.1.85 所示,单击选择"生成",即可生成刀轨,如图4.1.86 所示,最后单击"确定"。

图 4.1.83　刀轨

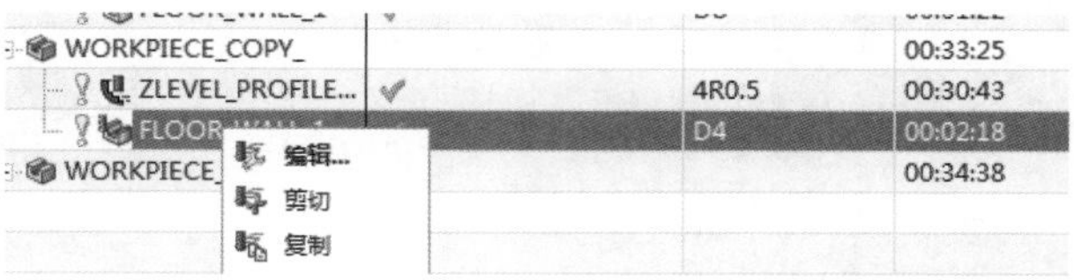

图 4.1.84　复制程序

图 4.1.85　选择底平面

图 4.1.86　刀轨

⑱单击选择需要复制的程序"FLOOR_WALL_1_COPY"后单击鼠标右键,选择"复制",单击选择需要粘贴位置前一程序"FLOOR_WALL_1_COPY _"后单击鼠标右键,选择"粘贴",即完成复制。双击鼠标左键"FLOOR_WALL_1_COPY"单击选择"指定切削底面",将列表所有选择删除,选择如图4.1.87所示,单击选择"生成",即可生成刀轨,如图4.1.88所示,最后单击"确定"。

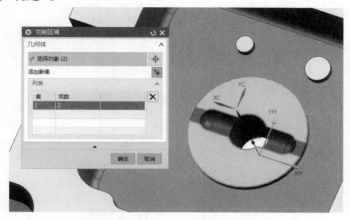

图4.1.87　选择底平面　　　　　　　　　　　　图4.1.88　刀轨

6)保存文件

单击选择"文件"→"保存"→"保存"(也可单击导航栏内对应图标选择;或输入快捷键"Ctrl+S"即可调用保存文件)。

4.1.2　型芯零件CAM

1)进入加工模块

单击选择"应用模块"→"加工"(或直接按快捷键"Ctrl+Alt+M"进入),弹出"加工环境"对话框,如图4.1.89所示。采用软件默认选项即可,单击"确定",如图4.1.90所示,即进入加工模块。

图4.1.89　进入加工模块　　　　　图4.1.90　"加工环境"对话框

2）设置加工坐标系

①在"工序导航器-几何"空白位置单击鼠标右键,选择"几何视图"选项,将导航器切换至几何视图,如图 4.1.91 所示。

②单击选择"MCS_MILL"后单击鼠标右键,选择"编辑"选项,如图 4.1.92 所示。弹出"MCS 铣削"对话框将安全距离改为"100";如图 4.1.93 所示。选择该工件中心为加工坐标系原点,如图 4.1.94 所示。

图 4.1.91　切换几何视图

图 4.1.92　进入 MCS 编辑

图 4.1.93　"MCS 铣削"对话框

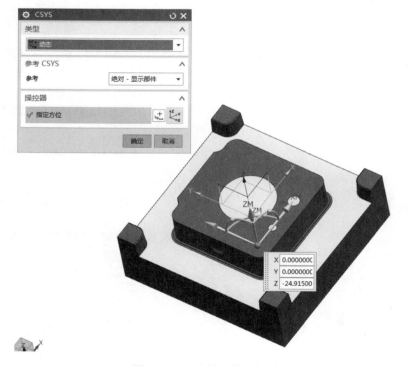

图 4.1.94　选择工件坐标系

3）设置加工几何体

单击  展开选项，如图 4.1.95 所示。单击"WORKPIECE"后单击鼠标右键，选择"编辑"选项，如图 4.1.96 所示。弹出"工件"对话框，如图 4.1.97 所示。单击"指定部件"，如图 4.1.98 所示；弹出"部件几何体"对话框后单击选择模型并选择加工部件，如图 4.1.99 所示，然后单击"确定"。单击"指定毛坯"，弹出"毛坯几何体"对话框；单击选择"包容块"，如图 4.1.100 所示，最后单击"确定"。

图 4.1.95　展开选项

图 4.1.96　编辑几何体

图 4.1.97　工件

图 4.1.98　指定部件

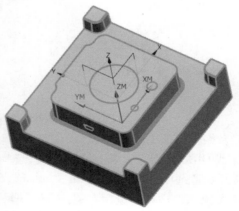

图 4.1.99　选择加工部件

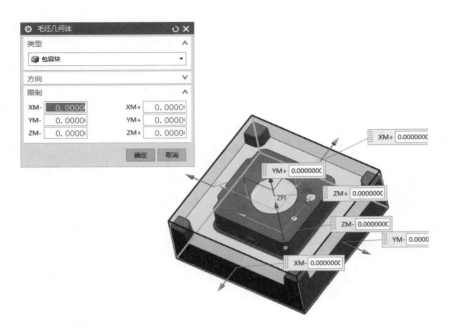

图 4.1.100　指定毛坯

4）创建刀具

①所需创建刀具见表 4.1.2。

表 4.1.2　刀具清单

刀号	名称	规格
1	直柄机甲刀（配刀片）	$\phi 17$ mm
2	直柄立铣刀	$\phi 8$ mm
3	球头铣刀	$\phi 6 R 0.5$ mm

②根据第 3 章创建刀具步骤，分别创建出 D17 mm，D8 mm，D6R0.5 mm 刀具，如图 4.1.101 所示。

名称	刀轨	刀具
GENERIC_MACHINE		
未用项		
D17		
D8		
D6R0.5		

图 4.1.101　刀具列表

5）创建及编辑加工工序

①单击"WORKPIECE"后单击鼠标右键，选择"插入"→"工序"；弹出"创建工序"对话框。单击展开类型选项，单击选择"mill_contour"，单击选择"型腔铣"后单击"确定"。单击型腔铣"CAVITY_MILL"后单击鼠标右键，选择"编辑"，弹出"型腔铣"对话框。

单击展开"工具"选项，再展开"刀具"，单击选择"D17"铣刀，展开"切削模式"，单击选择"跟随部件"，单击选择"平面直径百分比"并更改为"70％"，单击选择"最大距离"，更改为

"0.5 mm"，然后单击选择切削参数弹出"切削参数"对话框，单击展开"切削顺序"选项，单击选择"深度优先"，单击选择"余量"，单击选择"部件测面余量"并更改为"0.2"。选择"公差"，内、外公差均更改为"0.01"，单击"选择连接"，"展开开放刀路"改为"变换切削方式"，然后单击"确定"。单击选择"非切削参数"选项，弹出"非切削参数"对话框，单击展开封闭区域"进刀类型"选项，单击选择"沿形状斜进刀"，单击选择"斜坡角度"并更改为"0.5"，"高度"更改为"0.5 mm"。开放区域：展开选择圆弧，单击选择"转移/快速"，区域内：单击展开"转移类型"选项，单击选择"直接"，最后单击"确定"。

　　单击选择"进给率和速度"选项，如图 4.1.33 所示；弹出"进给率和速度"对话框，单击勾选"主轴速度"选项，将转速更改为"2000"，"切削"更改为"2000mmpmx"。单击"基于此值计算进给率和速度"即可完成计算，单击选择"生成"，即可生成刀轨，如图 4.1.102 所示，最后单击"确定"。

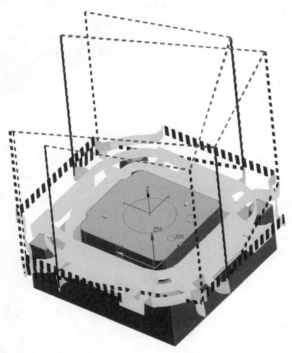

图 4.1.102　刀轨

　　②单击"WORKPIECE"后单击鼠标右键，选择"插入"→"工序"，弹出"创建工序"对话框。单击展开类型选项，单击选择"mill_planar"，单击选择"底壁加工"，最后单击"确定"，将刀具改为"D8"。

　　单击选择指定切削区底面，弹出"切削区域"对话框，选择如图 4.1.103 所示区域；单击"确定"。展开刀轨设置，单击展开切削模式，选择跟随部件，单击选择"平面直径百分比"并更改为"70%"。

　　单击选择切削参数弹出"切削参数"对话框，单击展开"切削顺序"选项，单击选择"深度优先"，单击选择"余量"；内、外公差均更改为"0.01"，单击选择连接，展开开放刀路改为变换切削方式，最后单击"确定"。

　　单击选择"进给率和速度"选项，弹出"进给率和速度"对话框，单击勾选"主轴速度"选

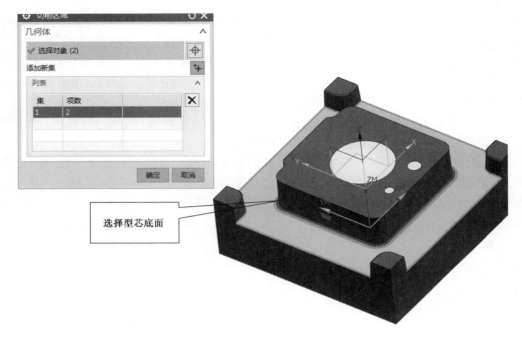

图 4.1.103　选择底平面

项,单击更改为"3000","切削"更改为"500 mmpm",单击"基于此值计算进给率和速度"即可完成计算,单击选择"生成",即可生成刀轨,如图 4.1.104 所示,最后单击"确定"。

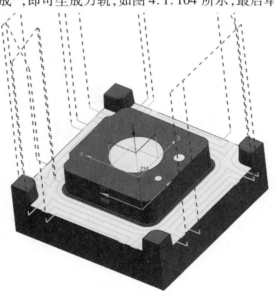

图 4.1.104　刀轨

③单击选择需要复制的程序"FLOOR_WALL"后单击鼠标右键,选择"复制",单击选择需要粘贴位置上一程序"FLOOR_WALL"后单击鼠标右键,选择"粘贴",即完成复制。双击鼠标左键"FLOOR_WALL_COPY"后单击选择"指定切削底面",将列表所有选择删除,选择如图4.1.105 所示,单击选择"生成",即可生成刀轨,如图 4.1.106 所示,最后单击"确定"。

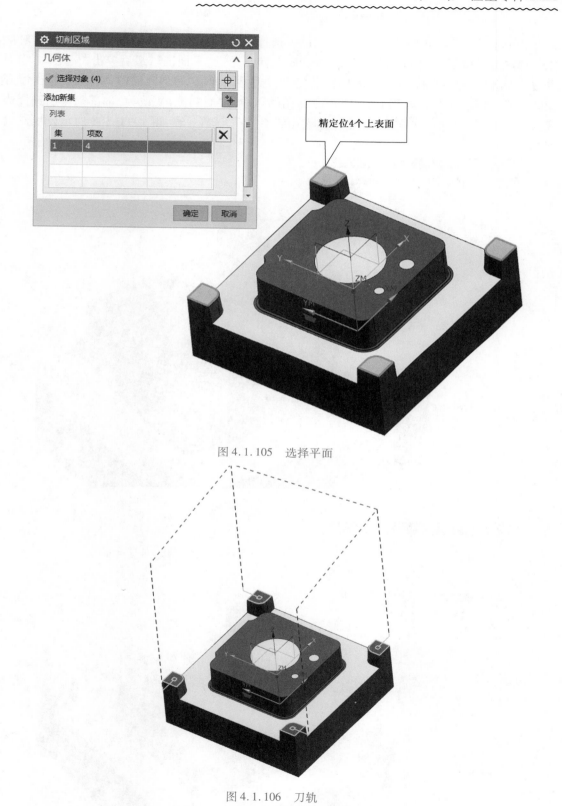

图 4.1.105　选择平面

图 4.1.106　刀轨

④单击"WORKPIECE"后单击鼠标右键,选择"插入"→"工序",弹出"创建工序"对话框。单击展开类型选项,单击选择"mill_planar",单击选择"平面铣",最后单击"确定"。将刀具改为"D8",展开刀轨设置,单击选择"指定部件边界",弹出"边界几何体"对话框,单击展开模式选择"曲线/边",单击展开类型选择"封闭的",单击"材料侧"更改为"内部",单击选择边界如图4.1.107所示;单击"展开刨",选择"用户定义",选择平面如图4.1.108所示,单击"确定"。

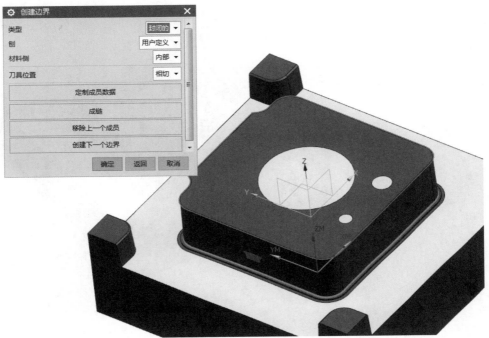

图 4.1.107 "边界几何体"对话框

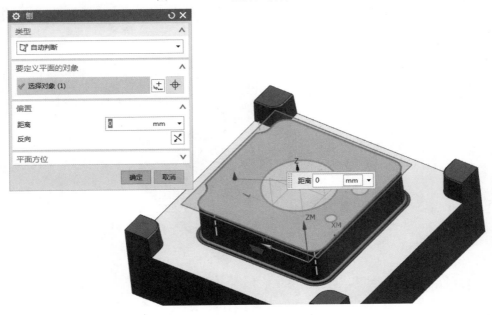

图 4.1.108 选择上平面

单击"选择指定底面",弹出刨对话框,展开类型选择按某一距离,选择平面如图 4.1.109 所示,单击"确定"。单击选择"进给率和速度"选项,弹出"进给率和速度"对话框,单击勾选"主轴速度"选项,转速更改为"3000","切削"更改为"500 mmpm",单击"基于此值计算进给率和速度"即可完成计算,单击选择"生成",即可生成刀轨,如图 4.1.110 所示,最后单击"确定"。

图 4.1.109　选择底平面

图 4.1.110　刀轨

⑤单击"WORKPIECE"后单击鼠标右键,选择"插入"→"工序",弹出"创建工序"对话框。单击展开类型选项,单击选择"mill_contour",单击选择"深度轮廓铣",最后单击"确定"。将刀具更改为"D6R0.5",展开刀轨设置,单击选择"最大距离"更改为"0.1",单击选择"切削区域",如图4.1.111箭头所指处所示。

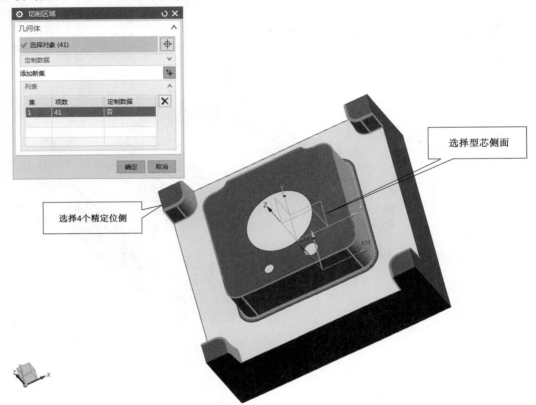

图4.1.111 选择加工区域

单击选择切削参数弹出"切削参数"对话框,单击选择"策略"选项,单击展开"切削方向",选择混合,单击展开"切削顺序",选择深度优先。单击选择"连接",单击展开"层到层",选择直接对部件下刀。单击选择"进给率和速度"选项,单击 勾选"主轴速度"选项,转速更改为"3200","切削"更改为"1500 mmpm",单击"基于此值计算进给率和速度"即可完成计算,单击选择"生成",即可生成刀轨,如图4.1.112所示,最后单击"确定"。

6)保存文件

单击选择"文件"→"保存"→"保存"(也可单击导航栏内对应图标选择;或输入快捷键"Ctrl+S"即可调用保存文件)。

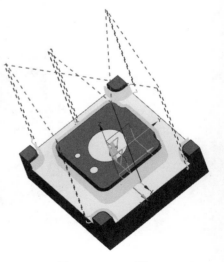

图4.1.112 刀轨

4.2　其他成型零件加工

4.2.1　侧抽芯零件 CAM

（1）钻滑块斜孔

①单击选择"应用模块"→"注塑模"→"创建方块"，如图 4.2.1 所示。弹出"创建方块"对话框，如图 4.2.2 所示，展开类型择选择"有界长方体"，如图 4.2.3 所示，单击展开设置，间隙修改为"0"，如图 4.2.4 所示，并选择滑块实体，如图 4.2.5 所示，单击确定即可完成创建方块操作，并将创建方块移除参数，使其为体。

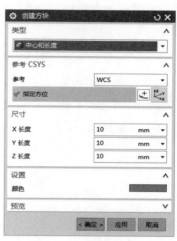

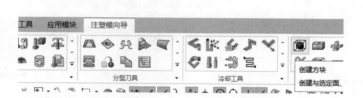

图 4.2.1　进入注塑向导模块　　　　图 4.2.2　"创建方块"对话框

图 4.2.3　选择"有界长方体"　　　图 4.2.4　展开设置

107

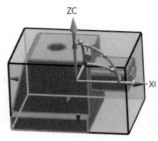

图 4.2.5　选择对象

②单击选择"工具"→"移动对象",也可使用快捷键"Ctrl+T",如图 4.2.6 所示。弹出"移动对象"对话框,如图 4.2.7 所示。

图 4.2.6　选择"移动对象"　　　　　　图 4.2.7　"移动对象"对话框

单击对象全部框选,如图 4.2.8 所示,展开运动选择角度,如图 4.2.9 所示。

图 4.2.8　框选对象

图 4.2.9　展开运动

　　展开指定矢量选择 YC,单击选择指定轴,单击"点"对话框,直接单击"确定"。角度修改为"-13",如图 4.2.10 所示,单击"确定"。

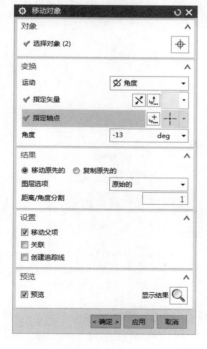

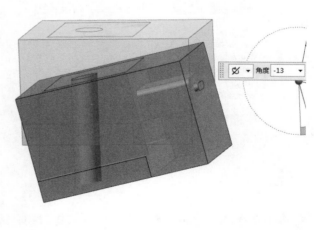

图 4.2.10　设置移动对象参数

③单击选择"应用模块"→"加工"（或直接按快捷键"Ctrl+Alt+M"进入），弹出"加工环境"对话框，如图4.2.11所示。采用软件默认选项即可，单击"确定"，如图4.2.12所示，即进入加工模块。

图4.2.11　进入加工模块

（2）设置加工坐标系

①在"工序导航器–几何"空白位置单击鼠标右键，选择"几何视图"选项，将导航器切换至几何视图，如图4.2.13所示。

图4.2.12　"加工环境"对话框

图4.2.13　切换几何视图

②单击选择"MCS_MILL"后单击鼠标右键，选择"编辑"选项，如图4.2.14所示。弹出"MCS铣削"对话框将安全距离改为"100"，如图4.2.15所示。选择该工件中心为加工坐标系原点，如图4.2.16所示。

110

图 4.2.14 进入 MCS 编辑

图 4.2.15 "MCS 铣削"对话框

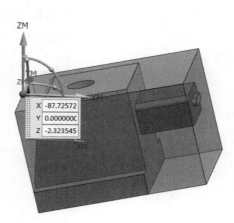

图 4.2.16 选择工件坐标系

（3）设置加工几何体

将创建的方块体隐藏，仅显示滑块几何体。单击 ⊞ 展开选项，如图 4.2.17 所示。单击"WORKPIECE"后单击鼠标右键，选择"编辑"选项，如图 4.2.18 所示。

图 4.2.17 展开选项

图 4.2.18 编辑几何体

弹出"工件"对话框;如图 4.2.19 所示。单击"指定部件",如图 4.2.20 所示。

图 4.2.19　工件

图 4.2.20　指定部件

弹出"部件几何体"对话框;并单击选择模型并选择加工部件,如图 4.2.21 所示,然后单击"确定";单击"指定毛坯",弹出"毛坯几何体"对话框;单击选择包容块,如图 4.2.22 所示,最后单击"确定"。

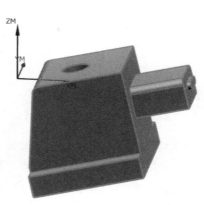

图 4.2.21　选择加工部件

(4)创建 $\phi8$ mm 钻头

具体操作:将"工序导航器"切换到"机床视图"的导航栏,再用鼠标右键单击"未用项"→"插入"→"刀具"创建刀具,如图 4.2.23 所示。弹出"创建刀具"对话框。选择类型"hole_daking",如图 4.2.24 所示。

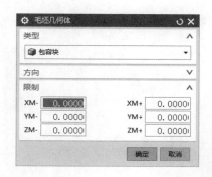

图 4.2.22　指定毛坯

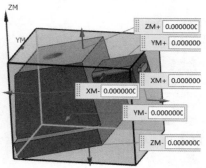

图 4.2.24　选择刀具类型

图 4.2.23　选择创建刀具

选择刀具子类型"STD_DRILL",并输入刀具名称:ZD8.5,然后单击选择"确定",如图 4.2.25 所示。弹出"钻刀"对话框。单击选择"直径"栏,并输入刀具直径 8.5,如图 4.2.26 所示;单击确定即完成当前刀具创建。

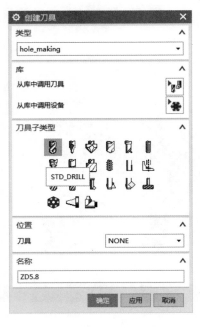

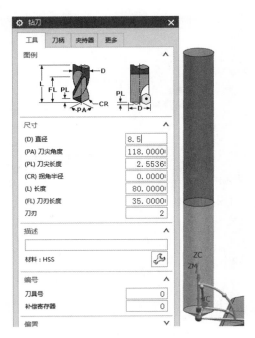

图 4.2.25　选择刀具子类型　　　　　　　图 4.2.26　编辑刀具参数

（5）创建及编辑工序

单击"WORKPIECE"后单击鼠标右键,选择"插入"→"工序",如图 4.2.27 所示。弹出"创建工序"对话框;单击展开类型选项,单击选择"hole_making",单击选择"定心钻"后单击确定弹出"定心钻"对话框,如图 4.2.28 所示。

图 4.2.27　插入工序　　　　　　图 4.2.28　弹出"定心钻"对话框

选择"指定特征几何体",弹出特征几何体对话框,如图 4.2.29 所示,单击"选择对象",如图 4.2.30 所示。

图 4.2.29　特征几何体对话框

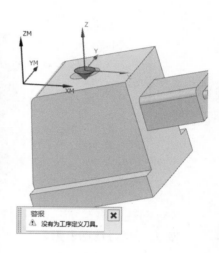

图 4.2.30　选择对象

单击选择"深度"修改为"40",如图 4.2.31 所示。单击"确定"。单击工具,将刀具修改为"ZD8.5",单击展开循环,选择"钻,深孔",弹出"循环参数"对话框,将最大距离设置为"3",如图 4.2.32 所示,单击"确定"。

图 4.2.31　修改深度

图 4.2.32　修改循环深度

单击选择"进给率和速度"选项,弹出"进给率和速度"对话框,单击▣勾选"主轴速度"选项,转速更改为"1000","切削"更改为"30mmpm"。单击"基于此值计算进给率和速度"即可完成计算,单击选择"生成",即可生成刀轨,如图4.2.33所示,最后单击"确定"。

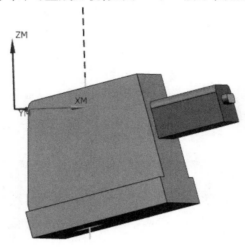

图4.2.33　刀轨

（6）创建刀具

所需创建刀具见表4.2.1。

表4.2.1　所需刀具

刀号	名称	规格
1	直柄机夹刀（配刀片）	$\phi17R0.8$
2	直柄立铣刀	$\phi8$
3	球头铣刀	$\phi6R0.5$

（7）编辑铣加工程序

①单击选择"工具"→"移动对象",也可按快捷键"Ctrl+T",如图4.2.34所示。弹出移动对象对话框,单击对象全部框选,展开运动选择角度,展开指定矢量选择YC,单击选择指定轴,单击"点"对话框,直接单击"确定"。将角度修改为"13",展开结果,单击复制原来的数据,如图4.2.34所示,单击"确定"。

②单击选择"应用模块"→"加工",单击选择需要复制的坐标"MCS_MILL"后单击鼠标右键,选择"复制",如图4.2.35所示。单击选择需要粘贴位置前一坐标"MCS_MILL"后单击鼠标右键,选择"粘贴",即完成复制。并双击坐标"MCS_MILL_COPY _"将工件坐标系设定为如图4.2.36所示。

③单击"WORKPIECE"后再单击鼠标右键,选择"插入"→"工序",弹出"创建工序"对话框。单击展开类型选项,单击选择"mill_planar",单击选择"平面铣",如图4.2.37所示,然后单击"确定"。将刀具改为"D17",展开刀轨设置,单击选择"指定部件边界",弹出"边界几何体"对话框,如图4.2.38所示。

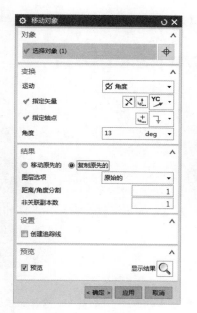

图 4.2.34　复制工件

图 4.2.35　复制坐标系

图 4.2.36　设置坐标系

图 4.2.37　选择"平面铣"

图 4.2.38　"边界几何体"对话框

单击展开模式选择"曲线/边",如图4.2.39所示,单击展开类型选择"开放的",单击展开材料侧选择"右",单击选择曲线如图4.2.40所示。

图4.2.39　展开模式　　　　　　　　　　　图4.2.40　选择曲线

单击"展开刨",选择"用户定义",弹出"刨"对话框后单击"展开类型选择自动判断",并选择平面如图4.2.41所示。单击"确定"。单击选择"指定底面",弹出"刨"对话框,展开类型选择按某一距离,如图4.2.42所示。

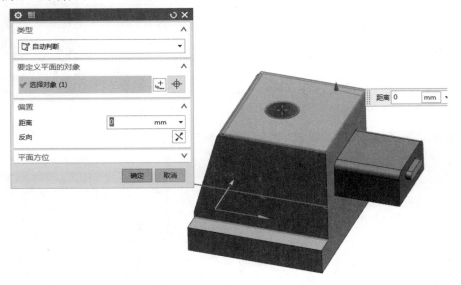

图4.2.41　指定顶平面

单击选择切削参数弹出"切削参数"对话框,单击选择"余量",单击选择"部件余量"和"最终底面余量"并更改为"0.15"。公差;内、外公差均更改为"0.001",单击"确定"。单击选择"非切削参数"选项,弹出"非切削参数"对话框,单击展开封闭区域"进刀类型"选项,单击选择"与开放区域相同",展开开放区域:单击选择长度,将单位改为"mm",如图4.2.43所示。单击输入"30",单击选择退刀,展开退刀,选择线性,如图4.2.44所示,单击"确定"。

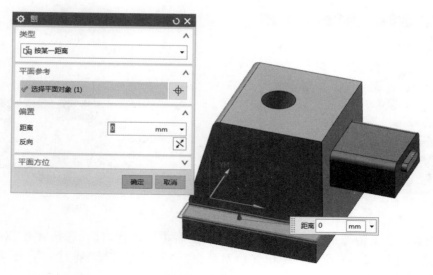

图 4.2.42　指定底平面

图 4.2.43　修改"进刀值"

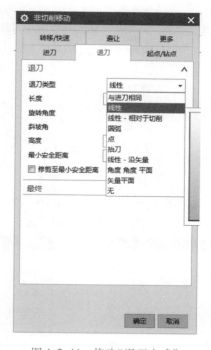

图 4.2.44　修改"退刀方式"

　　单击选择"切削层",展开每刀切削深度,将"公共"修改为"0.5",如图 4.2.45 所示,单击"确定"。单击展开"切削模式",选择"轮廓"。单击选择"进给率和速度"选项,弹出"进给率和速度"对话框,单击 勾选"主轴速度"选项,转速更改为"2000","切削"更改为"1000mmpm",单击"基于此值计算进给率和速度"即可完成计算,单击选择"生成",即可生成刀轨,如图 4.2.46 所示,最后单击"确定"。

图 4.2.45　设置切削层

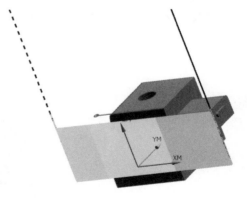

图 4.2.46　刀轨

④单击选择需要镜像的程序"PLANAR_MILL"后单击鼠标右键,选择展开"对象",单击选择"变换",如图 4.2.47 所示。弹出变换对话框,展开类型选择"通过一平面镜像",如图 4.2.48 所示。

图 4.2.47　单击选择"变换"

图 4.2.48　展开类型

展开指定平面选择"二等分",如图 4.2.49 所示,选择对称平面,如图 4.2.50 所示,单击"确定",即完成刀路镜像如图 4.2.51 所示。

图 4.2.49　选择"二等分"

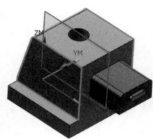

图 4.2.50　指定平面

⑤单击选择需要复制的程序"PLANAR_MILL"后单击鼠标右键,选择"复制",单击选择需要粘贴位置前一程序"PLANAR_MILL_INSTANCE _"后单击鼠标右键,选择"粘贴",即完成复制。双击鼠标左键"PLANAR_MILL_COPY"单击展开"工具",将刀具设置为"D8",单击选择"切削层",将"公共"改为"15",单击选择切削参数弹出"切削参数"对话框,单击选择"余量",单击选择"部件余量",并将"最终底面余量"更改为"0",然后单击"确定"。单击选择"进给率和速度"选项,弹出"进给率和速度"对话框,单击☑勾选"主轴速度"选项,将转速更改为"3000","切削"更改为"500 mmpm",单击"基于此值计算进给率和速度"即可完成计算,单击选择"生成",即可生成刀轨,如图 4.2.52 所示,最后单击"确定"。

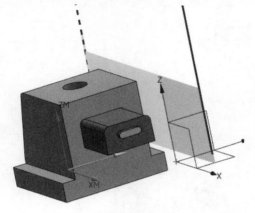

图 4.2.51 刀轨

图 4.2.52 刀轨

⑥单击选择需要镜像的程序"PLANAR_MILL_COPY"后单击鼠标右键,选择展开"对象",单击选择"变换",如图 4.2.53 所示;弹出"变换"对话框,展开类型选择通过一平面镜像,如图 4.2.54 所示。

图 4.2.53 选择变换

图 4.2.54 展开类型

展开指定平面选择"二等分",如图 4.2.55 所示,选择对称平面,如图 4.2.56 所示,单击"确定",即完成刀路镜像如图 4.2.57 所示。

图 4.2.55　选择"二等分"

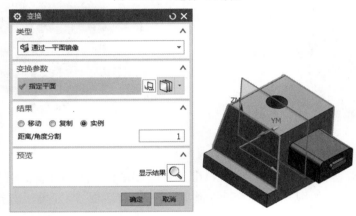

图 4.2.56　选择"镜像平面"

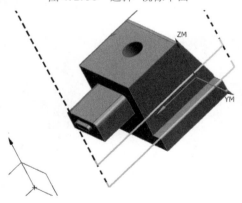

图 4.2.57　刀轨

⑦单击选择需要复制的坐标"MCS_MILL_COPY"后单击鼠标右键,选择"复制",如图 4.2.58 所示。单击选择需要粘贴位置前一坐标"MCS_MILL_COPY"后单击鼠标右键,选择"粘贴",即完成复制。并双击坐标 MCS_MILL_COPY_COPY"将工件坐标系设定为如图 4.2.59 所示。

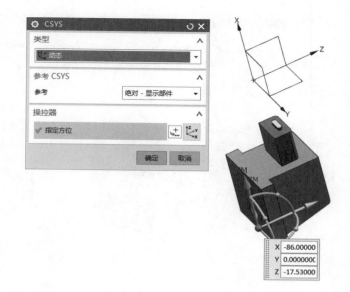

图 4.2.58　复制坐标　　　　　　　　　图 4.2.59　设置坐标

⑧单击展开坐标系"MCS_MILL_COPY_COPY",单击"WORKPIECE_COPY_COPY"后单击鼠标右键,选择"插入"→"工序";弹出"创建工序"对话框;单击展开类型选项,单击选择"mill_contour",单击选择"型腔铣"后单击"确定"。

单击型腔铣"CAVITY_MILL"后单击鼠标右键,选择"编辑",弹出"型腔铣"对话框;单击展开"工具"选项,再展开"刀具",单击选择"D17"铣刀,展开"切削模式",单击选择"跟随部件",单击选择"平面直径百分比",并更改为"70%",单击选择"最大距离",并更改为"0.5 mm"。

单击选择"切削层"弹出"切削层"对话框,删除列表所有层,并选择如图 4.2.60 所示数据。

单击选择切削参数弹出"切削参数"对话框,单击展开"切削顺序"选项,单击选择"深度优先",单击选择"余量",单击选择"部件测面余量"并更改为"0.2"。公差:内、外公差均更改为"0.01",单击选择"连接",展开开放刀路改为变换切削方式,最后单击"确定"。

单击选择"非切削参数"选项,弹出"非切削参数"对话框,单击展开封闭区域"进刀类型"选项,单击选择"沿形状斜进刀",单击选择"斜坡角度"更改为"0.5","高度"更改为"0.5 mm"。开放区域:展开选择圆弧,单击选择"转移/快速",区域内:单击展开"转移类型"选项,单击选择"直接",最后单击"确定"。

单击选择"进给率和速度"选项,如图 4.1.33 所示。弹出"进给率和速度"对话框,单击勾选"主轴速度"选项,转速更改为"2000","切削"更改为"2000mmpm"。单击"基于此值计算进给率和速度"即可完成计算,单击选择"生成",即可生成刀轨,如图 4.2.61 所示,最后单击"确定"。

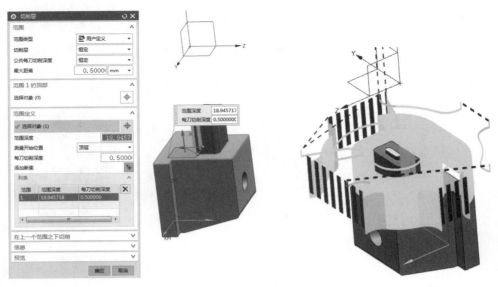

图 4.2.60　选择"切削层"　　　　　　　　　图 4.2.61　刀轨

⑨单击"WORKPIECE"后单击鼠标右键,选择"插入"→"工序",弹出"创建工序"对话框。单击展开类型选项,单击选择"mill_planar",单击选择"底壁加工",最后单击"确定",并将刀具改为"D8"。

单击选择指定切削区底面,弹出"切削区域"对话框,选择如图 4.2.62 所示区域,单击"确定"。展开刀轨设置,单击展开切削模式,选择跟随部件,单击选择"平面直径百分比"并更改为"70%"。

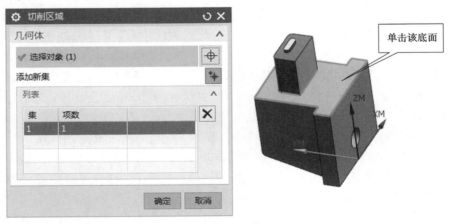

图 4.2.62　选择底平面

单击选择切削参数弹出"切削参数"对话框,单击展开"切削顺序"选项,单击选择"余量";内、外公差均更改为"0.01",单击选择连接,展开开放刀路改为变换切削方式,最后单击"确定"。

单击选择"进给率和速度"选项,弹出"进给率和速度"对话框,单击☐勾选"主轴速度"选项,单击更改为"3000","切削"更改为"500 mmpm",单击"基于此值计算进给率和速度"即可完成计算,单击选择"生成",即可生成刀轨,如图 4.2.63 所示,最后单击"确定"。

⑩单击"WORKPIECE_COPY_COPY"后单击鼠标右键,选择"插入"→"工序",弹出"创建工序"对话框。单击展开类型选项,单击选择"mill_planar",单击选择"平面铣",最后单击"确定"。将刀具改为"D8",展开刀轨设置,单击选择"指定部件边界",弹出"边界几何体"对话框,单击展开模式选择"曲线/边",单击展开类型选择"封闭的",单击材料侧更改为"内部",单击选择边界如图4.2.64所示。单击展开"刨",选择"用户定义",选择"平面"并单击距离输入"4",如图4.2.65所示,最后单击"确定"。

图 4.2.63　刀轨

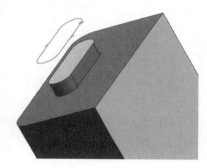

图 4.2.64　选择边界

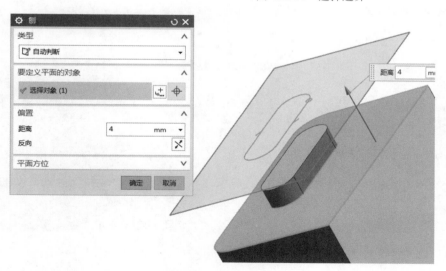

图 4.2.65　选择顶平面

单击选择指定底面,弹出"刨"对话框,展开类型选择"按某一距离",选择平面如图4.2.66所示,单击"确定"。单击选择"进给率和速度"选项,弹出"进给率和速度"对话框,单击☐勾选"主轴速度"选项,单击更改为"3000","切削"更改为"500 mmpm",单击"基于此值计算进给率和速度"即可完成计算,单击选择"生成",即可生成刀轨,如图4.2.67所示,最后单击"确定"。

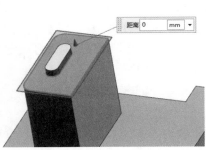

图 4.2.66　选择底面　　　　　　　　　　　　图 4.2.67　刀轨

⑪单击"WORKPIECE_COPY_COPY"后单击鼠标右键,选择"插入"→"工序"命令;弹出"创建工序"对话框。单击展开类型选项,单击选择"mill_contour";单击选择"深度轮廓铣",如图 4.2.68 所示,然后单击"确定"。单击"固定轮廓铣""FIXED_CONTOUR"后单击鼠标右键,选择"编辑"选项,弹出"固定轮廓铣"对话框;单击展开"工具"选项,再展开"刀具",单击选择"D6R0.5"铣刀,单击选择"切削区域",然后选择如图 4.2.69 所示区域。

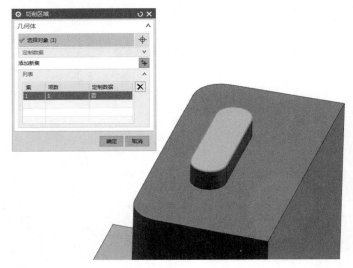

图 4.2.68　选择"固定轮廓铣"　　　　　　　图 4.2.69　选择"切削区域"

单击展开"驱动方法",单击选择"区域铣削"弹出"区域铣削驱动方法"对话框,如图 4.2.70 所示,展开"非陡峭切削模式"选择"跟随周边",如图 4.2.71 所示。

单击展开"刀路方向"选择"向外",如图 4.2.72 所示,单击展开"切削方向"选择"顺铣",单击展开"步距"选择"恒定",单击选择最大距离修改为"0.1",如图 4.2.73 所示,最后单击"确定"。

图 4.2.70　"区域铣削驱动方法"对话框　　图 4.2.71　展开"非陡峭切削模式"

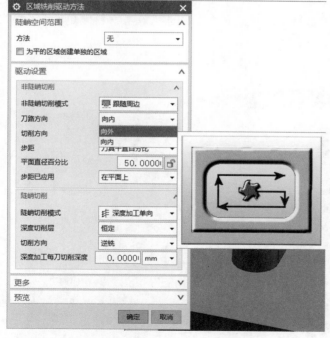

图 4.2.72　选择"刀路方向"

图 4.2.73　修改步距

　　单击选择"进给率和速度"选项,弹出"进给率和速度"对话框,单击▣勾选"主轴速度"选项,单击更改为"3000","切削"更改为"500 mmpm",单击"基于此值计算进给率和速度"即可完成计算,单击选择"生成",即可生成刀轨,如图4.2.74所示,最后单击"确定"。

(8)侧抽(2)

如图4.2.75所示,打开侧抽芯(2)三维模型。

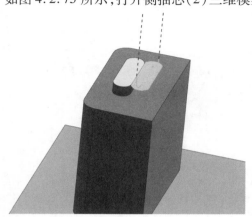

图4.2.74 刀轨

图4.2.75 侧抽芯(2)三维模型

①因侧抽芯(2)三维模型与上述滑块只有成型部分差异,即加工工艺基本相同。

②分析得出此成型部分有内R角1.5578,如图4.2.76所示,即加工此处时需要清根。具体操作:首先根据上述创建刀具操作创建刀具3 mm铣刀,再插入工序"平面铣",最后单击"确定"。将刀具改为"D3",展开刀轨设置,单击选择"指定部件边界",弹出"边界几何体"对话框,单击展开模式选择"曲线/边",单击展开类型选择"开放的",单击材料侧更改为"左",单击选择边界如图4.2.77所示。

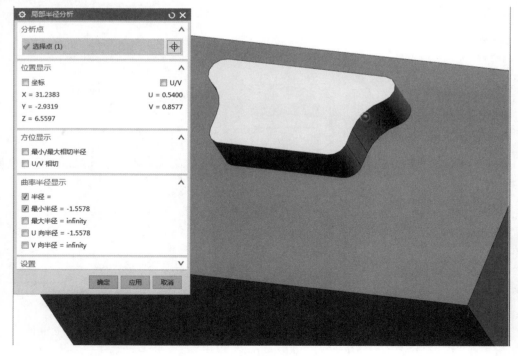

图4.2.76 分析R角

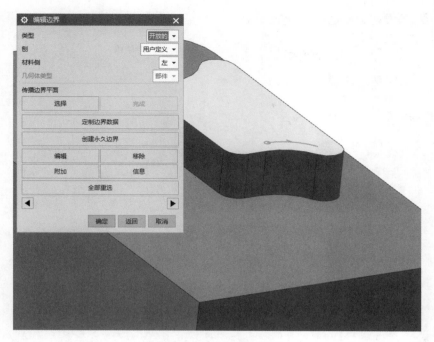

图 4.2.77　设置加工边界

单击展开"刨",选择用户定义,选择平面并单击距离输入"1.8",如图 4.2.78 所示,单击
"确定"。单击选择指定底面,弹出"刨"对话框,展开类型选择"按某一距离",选择平面如图
4.2.79 所示,单击"确定"。

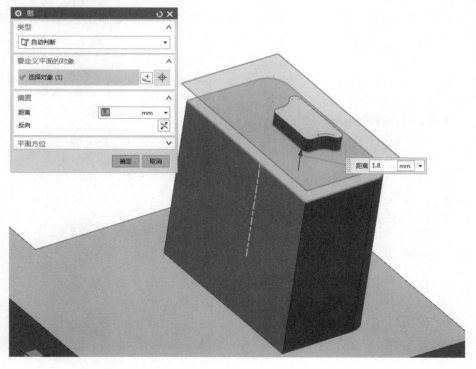

图 4.2.78　选择"顶平面"

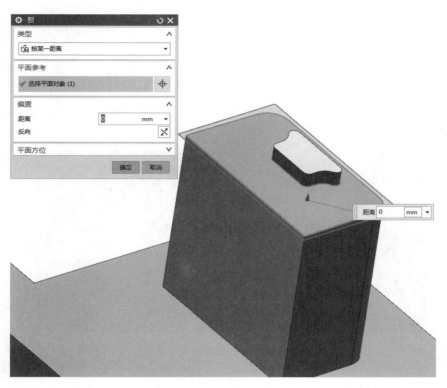

图 4.2.79　选择"底平面"

　　单击选择"非切削参数"选项,弹出"非切削参数"对话框,单击展开封闭区域"进刀类型"选项,单击选择"沿形状斜进刀",单击选择"斜坡角度"更改为"0.5","高度"更改为"0.5 mm"。开放区域:展开选择与封闭区域相同,如图 4.2.80 所示。单击选择"进给率和速度"选项,弹出"进给率和速度"对话框,单击■勾选"主轴速度"选项,单击更改为"4000","切削"更改为"500 mmpm",单击"基于此值计算进给率和速度"即可完成计算,单击选择"生成",即可生成刀轨,如图 4.2.81 所示,最后单击"确定"。

图 4.2.80　设置"进刀参数"

图 4.2.81　刀轨

③单击选择需要镜像的程序"PLANAR_MILL"后单击鼠标右键,选择展开"对象",如图 4.2.82 所示;单击选择"变换",弹出"变换"对话框,如图 4.2.83 所示。

图 4.2.82　选择"变换"

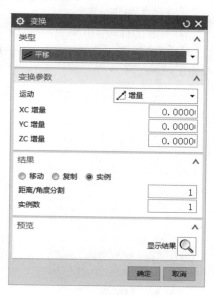

图 4.2.83　"变换"对话框

展开类型选择"通过一平面镜像",展开指定平面选择"二等分",如图 4.2.84 所示,选择对称平面,单击"确定",即完成刀路镜像如图 4.2.85 所示。

图 4.2.84　选择"二等分"

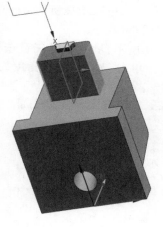

图 4.2.85　刀轨

(9)保存文件

单击选择"文件"→"保存"→"保存"(也可单击导航栏内对应图标选择;或按快捷键"Ctrl+S"即可调用保存文件)。

4.2.2 斜顶零件 CAM

(1)加工斜顶

①单击选择"应用模块"→"加工"(或直接按快捷键"Ctrl+Alt+M"进入),弹出"加工环境"对话框,如图4.2.86所示。采用软件默认选项即可,单击"确定",如图4.2.87所示,即进入加工模块。

图4.2.86 进入加工模块　　　　　　图4.2.87 "加工环境"对话框

②单击选择"工具"→"移动对象",也可按快捷键"Ctrl+T",弹出"移动对象"对话框,如图4.2.88所示,单击"对象",如图4.2.89所示。

展开运动选择角度,如图4.2.90所示,展开指定矢量选择XC,单击选择指定轴点单击"点"对话框,如图4.2.91所示,直接单击"确定"。将角度修改为"−8",单击"确定",如图4.2.92所示。

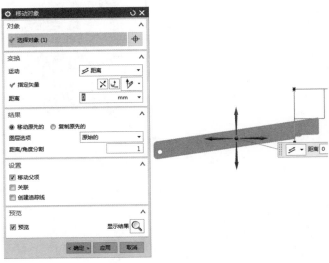

图4.2.88 "移动对象"对话框　　　　　　图4.2.89 单击对象

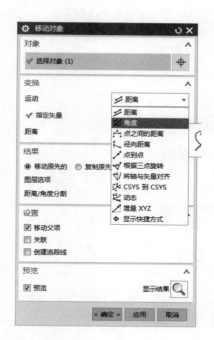

图 4.2.90 展开"运动"　　　　图 4.2.91 单击"点"对话框

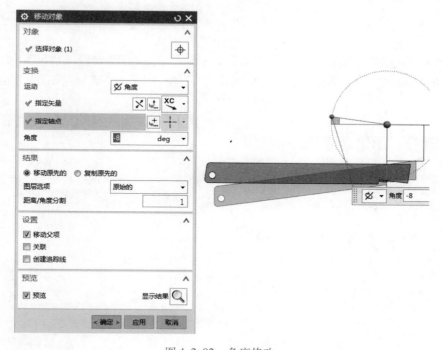

图 4.2.92 角度修改

(2)设置加工坐标系

①单击选择"应用模块"→"注塑模"→"创建方块",如图 4.2.93 所示。弹出创建"方块"对话框,如图 4.2.94 所示。

图 4.2.93　选择"创建方块"

图 4.2.94　"创建方块"对话框

展开类型择选择"有界长方体",如图 4.2.95 所示,单击展开"设置",将间隙修改为"0",如图 4.2.96 所示,并选择"斜顶实体",如图 4.2.97 所示,单击"确定"即可完成创建方块操作。

图 4.2.95　选择"有界长方体"

图 4.2.96　修改"间隙"

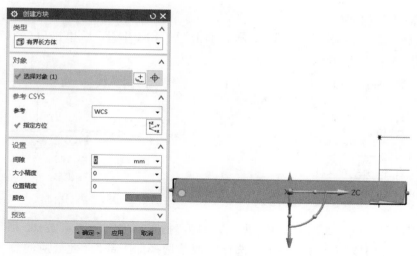

图 4.2.97　选择"对象"

②回到加工页面,在"工序导航器-几何"空白位置单击鼠标右键,选择"几何视图"选项,将导航器切换至几何视图,如图 4.2.98 所示。

③单击选择"MCS_MILL"后单击鼠标右键,选择"编辑"选项,如图 4.2.99 所示。弹出"MCS 铣削"对话框将安全距离改为"100",如图 4.2.100 所示。选择该工件中心为加工坐标系原点,如图 4.2.101 所示。

图 4.2.98　切换几何视图

图 4.2.99　进入 MCS 编辑

图 4.2.100　"MCS 铣削"对话框

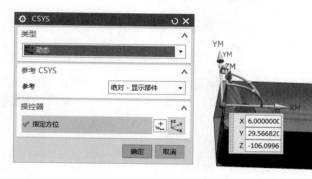

图 4.2.101　选择工件坐标系

（3）设置加工几何体

单击 ⊞ 展开选项，如图 4.2.102 所示。单击"WORKPIECE"后单击鼠标右键，选择"编辑"选项，如图 4.2.103 所示。

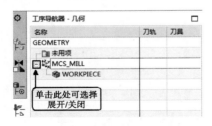

图 4.2.102 展开选项

图 4.2.103 编辑几何体

弹出"工件"对话框，如图 4.2.104 所示。单击"指定部件"，如图 4.2.105 所示。

弹出"部件几何体"对话框；并单击选择模型并选择加工部件（此处应注意，选择加工部件时应选择斜顶实体，勿选中创建的方块），如图 4.2.106 所示，然后单击"确定"。单击"指定毛坯"，弹出"毛坯几何体"对话框；单击选择创建的方块，如图 4.2.107 所示，最后单击"确定"。

图 4.2.104 工件

图 4.2.105 指定部件

图 4.2.106 选择加工部件

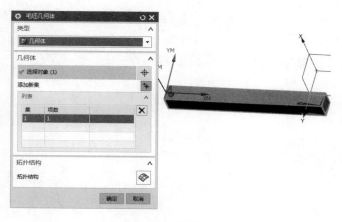

图 4.2.107　指定毛坯

（4）创建刀具

所需创建刀具见表 4.2.2。

表 4.2.2　所需刀具

刀号	名称	规格
1	直柄立铣刀	$\phi8$ mm
2	球头铣刀	$\phi2R1$
3	钻刀	$\phi4$ mm

（5）创建及编辑加工工序

①将创建的方块体隐藏，仅显示斜顶几何体。单击"WORKPIECE"后单击鼠标右键，选择"插入"→"工序"，弹出"创建工序"对话框。单击展开类型选项，单击选择"mill_planar"，单击选择"平面铣"如图 4.2.108 所示，最后单击"确定"。将刀具改为"D8"，展开刀轨设置，单击选择"指定部件边界"，弹出"边界几何体"对话框，如图 4.2.109 所示。

图 4.2.108　选择"平面铣"

图 4.2.109　"边界几何体"对话框

单击展开模式选择"曲线/边",如图4.2.110所示,单击展开类型选择开放的,单击展开材料侧选择"右",单击选择曲线如图4.2.111所示。

图4.2.110　单击展开模式选择"曲线/边"　　　　图4.2.111　选择"曲线"

单击展开"刨",选择"用户定义",弹出"刨"对话框后单击展开类型选择自动判断,并选择平面如图4.2.112所示;单击"确定"。单击选择"指定底面",弹出"刨"对话框,展开类型选择"按某一距离",并选择与顶面同一平面为底面,单击"确定"。单击选择切削参数弹出"切削参数"对话框,单击选择"余量",公差:内、外公差均更改为"0.001",单击"确定"。单击选择"进给率和速度"选项,弹出"进给率和速度"对话框,单击☑勾选"主轴速度"选项,单击更改为"3000","切削"更改为"500 mmpm",单击"基于此值计算进给率和速度"即可完成计算,单击选择"生成",即可生成刀轨,如图4.2.113所示,最后单击"确定"。

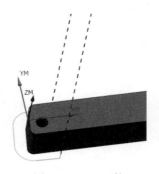

图4.2.112　选择"顶平面"　　　　　　　图4.2.113　刀轨

②单击"WORKPIECE"后单击鼠标右键,选择"插入"→"工序",如图4.2.114所示;弹出"创建工序"对话框,单击展开类型选项,单击选择"hole_making",单击选择"定心钻"后单击确定弹出"定心钻"对话框,如图4.2.115所示。

选择"指定特征几何体"弹出"特征几何体"对话框,如图4.2.116所示,单击"选择对象",单击选择"深度"修改为"15",如图4.2.117所示,单击"确定"。

图 4.2.115　"定心钻"对话框

图 4.2.114　插入工序

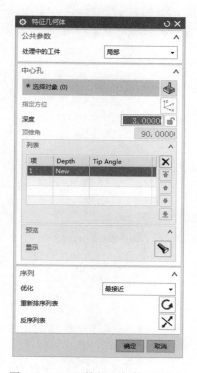

图 4.2.116　"特征几何体"对话框

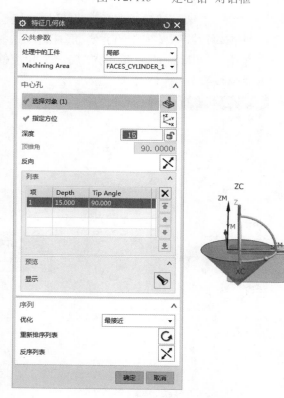

图 4.2.117　修改"深度"

单击"工具",将刀具修改为"ZD4",单击"展开循环",选择"钻,深孔",弹出"循环参数"对话框,将最大距离设置为"3",如图4.2.118所示,单击"确定"。单击选择"进给率和速度"选项,弹出"进给率和速度"对话框,单击勾选"主轴速度"选项,单击更改为"1500","切削"更改为"30 mmpm"。单击"基于此值计算进给率和速度"即可完成计算,单击选择"生成",即可生成刀轨,如图4.2.119所示,最后单击"确定"。

图4.2.118 设置"循环参数"

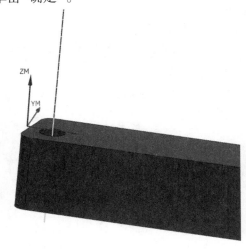

图4.2.119 刀轨

③单击选择"工具"→"移动对象",也可按快捷键"Ctrl+T",弹出"移动对象"对话框,单击"对象",选择斜顶基体及创建的方块,展开运动选择角度,展开指定矢量选择 XC,单击选择"指定轴",单击"点"对话框,直接单击"确定",角度修改为"8",展开结果,单击复制原图,如图4.2.120所示,单击"确定"。

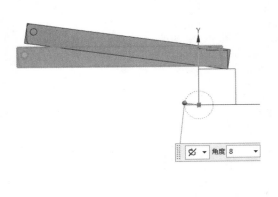

图4.2.120 设置"移动对象"

④将原有的基体全部隐藏,仅显示复制出来的基体和方块。单击选择需要复制的坐标"MCS_MILL"后单击鼠标右键,选择"复制",如图 4.2.121 所示。单击选择需要粘贴位置前一坐标"MCS_MILL"后单击鼠标右键,选择"粘贴"即完成复制。双击坐标"MCS_MILL_COPY_COPY"将工件坐标系设定为如图 4.2.122 所示。将复制出来的方块体隐藏,仅显示斜顶几何体,单击展开坐标"MCS_MILL_COPY"选择"WORKPIECE_COPY",双击鼠标左键,选择部件如图 4.2.123 所示,单击"确定"。

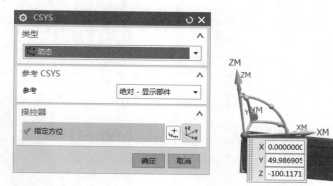

图 4.2.121　复制坐标　　　　　　　　图 4.2.122　设置坐标系

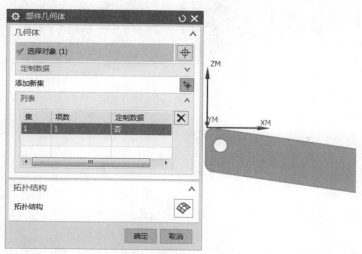

图 4.2.123　选择"部件"

⑤单击选择"WORKPIECE_COPY"后单击鼠标右键,选择"插入"→"工序",弹出"创建工序"对话框。单击展开类型选项,单击选择"mill_planar",单击选择"平面铣"后单击"确定"。将刀具改为"D8",展开刀轨设置,单击选择"指定部件边界",弹出"边界几何体"对话框,单击展开模式选择"曲线/边",单击展开类型选项选择"开放的",单击展开材料侧选择"左",单击选择曲线如图 4.2.124 所示;单击"展开刨",选择用户定义,弹出"刨"对话框单击展开类型选择"自动判断",并选择平面如图 4.2.125 所示选项,单击"确定"。

单击选择指定底面,弹出"刨"对话框,展开类型选择按某一距离,并在距离处输入"12",如图 4.2.126 所示,单击选择切削参数弹出"切削参数"对话框,单击选择"余量",内、外公差均更改为"0.001",单击"确定"。单击选择"进给率和速度"选项,弹出"进给率和速度"对话框,单击▢勾选"主轴速度"选项,转速更改为"3000","切削"更改为"500 mmpm",单击"基于此值计算进给率和速度"即可完成计算,单击选择"生成",即可生成刀轨,如图4.2.127所示,最后单击"确定"。

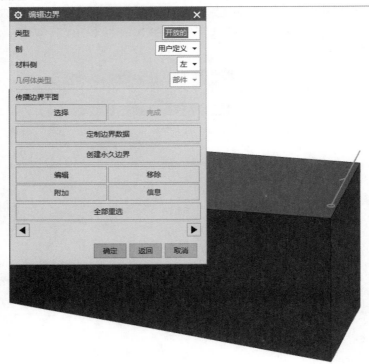

图 4.2.124　单击选择"曲线"

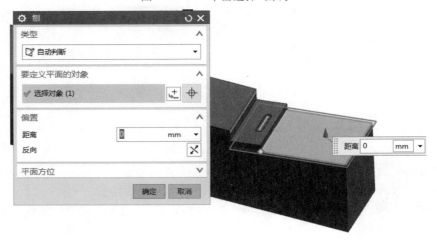

图 4.2.125　单击选择"上平面"

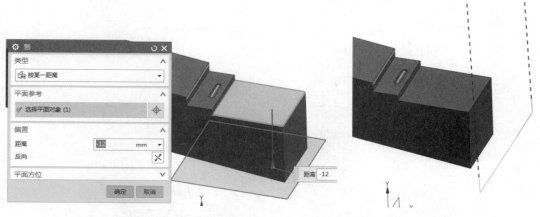

图 4.2.126　指定底面　　　　　　　　　图 4.2.127　刀轨

⑥单击选择需要复制的程序"PLANAR_MILL_1"后单击鼠标右键,选择"复制",单击选择需要粘贴位置前一程序"PLANAR_MILL_1"后单击鼠标右键,选择"粘贴",即完成复制。单击选择"指定部件边界",弹出"边界几何体"对话框,单击展开模式选择"曲线/边",单击展开类型选择"开放的",单击展开材料侧选择"左",单击选择曲线如图 4.2.128 所示;单击展开"刨",选择用户定义,弹出"刨"对话框,单击展开类型选择自动判断,并选择平面如图 4.2.129 所示,单击"确定"。

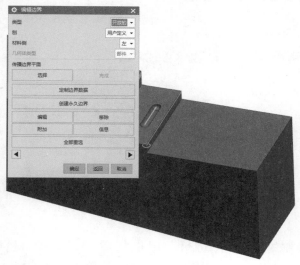

图 4.2.128　选择"曲线"

单击选择"指定底面",弹出"刨"对话框,展开类型选择"按某一距离",如图 4.2.130 所示,单击"确定"。单击选择"平面直径百分比"并将其修改为"70",单击附加刀路输入"1",如图 4.2.131 所示。单击选择"进给率和速度"选项,弹出"进给率和速度"对话框,单击■勾选"主轴速度"选项,转速更改为"3000","切削"更改为"500 mmpm",单击"基于此值计算进给率和速度"即可完成计算,单击选择"生成",即可生成刀轨,如图 4.2.132 所示,最后单击"确定"。

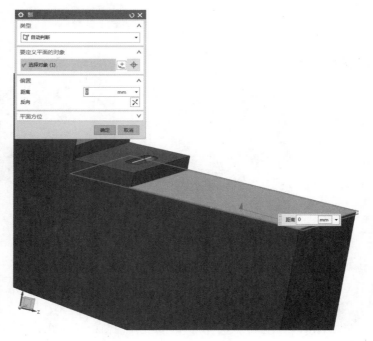

图 4.2.129　指定"顶平面"

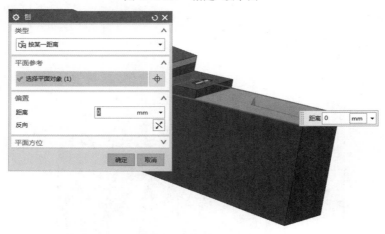

图 4.2.130　选择"底平面"

⑦单击选择需要复制的程序"PLANAR_MILL_1"后单击鼠标右键,选择"复制",单击选择需要粘贴位置前一程序"PLANAR_MILL_1_COPY"后单击鼠标右键,选择"粘贴",即完成复制。单击选择"指定部件边界",弹出"边界几何体"对话框,单击展开模式选择"曲线/边",单击展开类型选择"开放的",单击展开材料侧选择"右",单击选择曲线如图 4.2.133 所示;单击"展开刨",选择"用户定义",弹出"刨"对话框,单击展开类型选择"自动判断",并选择平面如图 4.2.134 所示,单击"确定"。

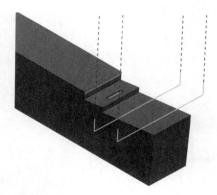

图 4.2.131　设置"刀轨"　　　　　　　　图 4.2.132　刀轨

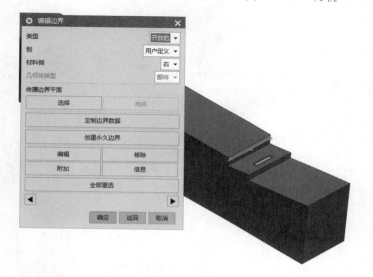

图 4.2.133　选择"曲线"

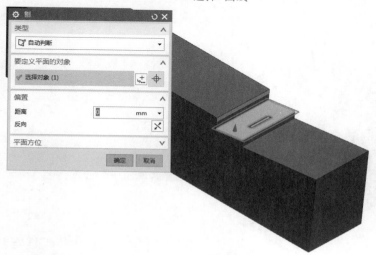

图 4.2.134　选择"顶平面"

单击选择"指定底面",弹出"刨"对话框,展开类型选择"按某一距离",如图4.2.135所示,单击"确定"。单击选择"平面直径百分比"并将其修改为"70",单击附加刀路输入"1",如图4.2.136所示。单击选择"进给率和速度"选项,弹出"进给率和速度"对话框,单击☐勾选"主轴速度"选项,将转速更改为"3000","切削"更改为"500 mmpm",单击"基于此值计算进给率和速度"即可完成计算,单击选择"生成",即可生成刀轨。最后单击"确定"。

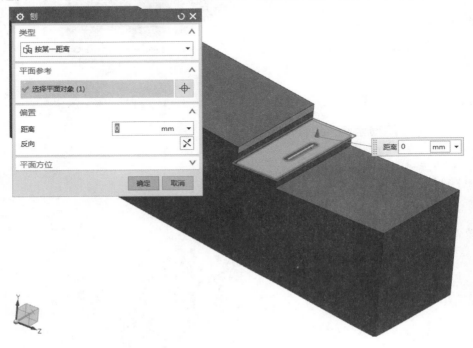

图4.2.135　选择"底平面"

⑧单击"曲线",直线如图4.2.137所示。弹出"直线"对话框后单击选择起点,如图4.2.138所示,单击选择终点如图4.2.139所示,单击"确定"(注:此捕捉需全程开启圆心捕捉)。

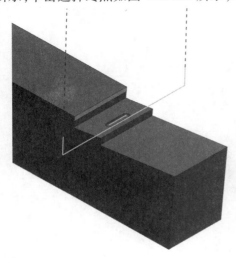

图4.2.136　刀轨

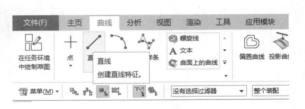

图4.2.137　单击选择"直线"

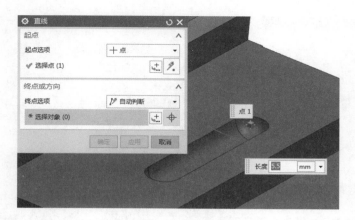

图 4.2.138　选择"直线起点"

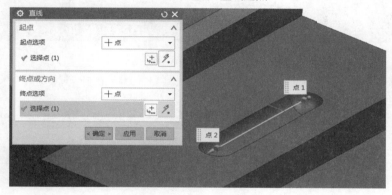

图 4.2.139　选择"直线终点"

⑨单击选择需要复制的程序"PLANAR_MILL_1_COPY_1"后单击鼠标右键,选择"复制",单击选择需要粘贴位置前一程序"PLANAR_MILL_1_COPY_1"后单击鼠标右键,选择"粘贴"即完成复制。双击鼠标左键进行编辑,将刀具改为 2*R*1 后单击选择"指定部件边界",弹出"边界几何体"对话框,单击展开模式选择"曲线/边",单击展开类型选择"开放的",单击选择曲线如图 4.2.140 所示,单击展开"刨",选择"用户定义",弹出"刨"对话框,单击"展开类型选择自动判断",并选择平面如图 4.2.141 所示,最后单击"确定"。

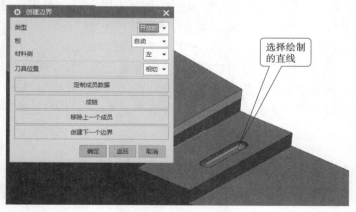

图 4.2.140　选择"曲线"

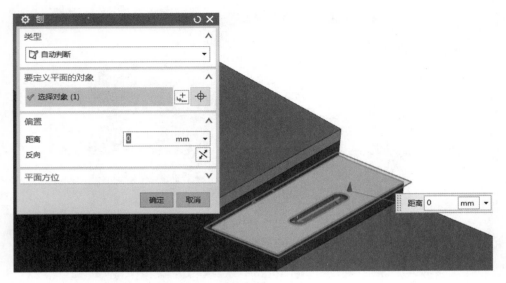

图 4.2.141 选择顶平面

弹出编辑边界对话框,选择"编辑",如图 4.2.143 所示,展开刀具位置,选择"对中",如图 4.2.143 所示,单击"确定"。

图 4.2.142 单击选择"编辑"

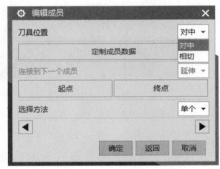

图 4.2.143 单击选择"对中"

单击选择"指定底面"(图 4.2.144),弹出"刨"对话框,展开类型选择"按某一距离",选择平面并点击距离输入"−0.5",如图 4.2.145 所示,单击"确定"。单击选择"非切削参数"选项,弹出"非切削参数"对话框,单击展开封闭区域"进刀类型"选项,单击选择"沿形状斜进刀",单击选择"斜坡角度"并更改为"0.1","高度"更改为"0.1 mm"。开放区域里展开选择与封闭区域相同后单击"确定"。单击选择"进给率和速度"选项,弹出"进给率和速度"对话框,单击☐勾选"主轴速度"选项,转速更改为"3000","切削"更改为"500 mmpm",单击"基于此值计算进给率和速度"即可完成计算,单击选择"生成",即可生成刀轨,最后单击"确定"。

(6)保存文件

单击选择"文件"→"保存"→"保存"(也可单击导航栏内对应图标选择;或按快捷键"Ctrl+S"即可调用保存文件)。

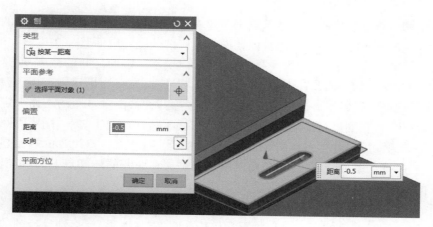

图 4.2.144　选择底平面

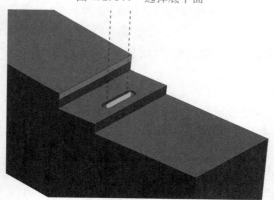

图 4.2.145　刀轨

4.2.3　冷却水路加工

1）划线高度尺

（1）高度尺的特点

①高度尺的种类繁多,每一种类的高度尺功能不同。

②划线数显高度尺如图 4.2.146 所示,结构特点是用质量较大的基座代替固定量爪,而滑动的尺框则通过横臂装有测量高度和划线用的量爪,量爪的测量面上镶有硬质合金,以提高量爪使用寿命。尺的测量工作应在平台上进行。当量爪的测量面与基座的底平面位于同一平面时,主尺与游标的零线相互对准。所以在测量高度时,量爪测量面的高度就是被测量零件的高度尺寸,其具体数值与游标卡尺一样可在主尺（整数部分）和游标（小数部分）上读出。使用高度游标卡尺画线时,调好划线高度,用紧固螺钉把尺框锁紧后,也应在平台上进行先调整再进行画线。

③深度游标卡尺用于测量零件的深度尺寸或台阶高低和槽

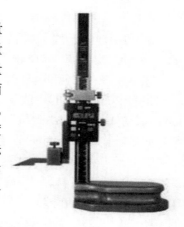

图 4.2.146　划线数显高度尺

的深度。其结构特点是尺框的两个量爪连成一起成为一个带游标测量基座,基座的端面和尺身的端面就是它的两个测量面。如测量内孔深度时应把基座的端面紧靠在被测孔的端面上,使尺身与被测孔的中心线平行,伸入尺身,则尺身端面至基座端面之间的距离,就是被测零件的深度尺寸。它的读数方法和游标卡尺完全一样。测量时,先将测量基座轻轻压在工件的基准面上,两个端面必须接触工件的基准面,测量轴类等台阶时,测量基座的端面一定要压紧在基准面,再移动尺身,直到尺身的端面接触到工件的量面(台阶面)上,然后用紧固螺钉固定尺框,提起卡尺,读出深度尺寸。多台阶小直径的内孔深度测量,要注意尺身的端面是否在要测量的台阶上,当基准面是曲线时,测量基座的端面必须放在曲线的最高点上,测量出的深度尺寸才是工件的实际尺寸,否则会出现测量误差。

③测量时,先将测量基座轻轻压在工件的基准面上,两个端面必须接触工件的基准面,测量轴类等台阶时,测量基座的端面一定要压紧在基准面,再移动尺身,直到尺身的端面接触到工件的量面(台阶面)上,然后用紧固螺钉固定尺框,提起卡尺,读出深度尺寸。多台阶小直径的内孔深度测量,要注意尺身的端面是否在要测量的台阶上,当基准面是曲线时,测量基座的端面必须放在曲线的最高点上,测量出的深度尺寸才是工件的实际尺寸,否则会出现测量误差。

(2)高度尺的使用

①首先需要将高度尺的底座擦拭干净,然后把其放在一个干净的平台上面。放好之后需固定,固定需要调整尺框转盘,等待它能够与平台轻轻地接触以后,再将其固定。

②按动尺框上的按钮,这样做的目的是让尺寸归零。需要注意的是,这里的清零是需要确定旋转的表盘和指针重合的,这样才实现了真正的清零。

③表盘调零后,需要反复移动尺框,并且还要检查零位和示值的变动。它们的变动如果大于1/2,那么是不能准确地进行测试的。

④做好了前3步之后,需要合理使用高度尺和划线爪。注:必须保证工件上画出的线平行于平台。

⑤工作环境温度为5~40 ℃,湿度为80%,同时需注意防止含水分的液体物质沾湿保护膜表面。

(3)高度尺的使用注意事项

高度尺在使用过程中,一些注意事项是需要引起注意的,具体如下所述。

①开始使用前,用干燥清洁的布(可沾少许清洁油)反复擦拭保护膜表面。工作环境:温度5~40 ℃,湿度80%,防止含水分的液体物质沾湿保护膜表面。

②不允许在任何部位上施加电压(如用电笔刻字),以免损坏电路。正确设置测量起点(详见使用方法),除非更改设置,否则不要随便按"ON/0"键,以免发生测量错误。测量爪尖端锋利,防止碰伤。按键功能 OFF/ON/ZERO——开关和清零键,HOLD——保持键,ABS——相对和绝对测量转换键,mm /in——公英制转换键,TOL——公差带键,SET——置数键。

③分辨力:0.01 mm^2,重复性:0.01 mm^3,技术标准:JB5609-914,最大响应速度:1 m/s,电源:扣式电池,电压1.55 V,输出插口使用专用导线,可将测量结果输入计算机或使用专业打印机打印。接口工作方式:同步串行。数据:二进制编码,宽度24位,每个数据发送2次,周期300 ms(快显状态20 ms),传输时间0.5 ms。引线:数据D、时钟CP、电源。数据脉冲幅度:0;电平≤0.2 V,1 电平≥1.3 V,时钟CP:90 KHz,高电平有效。

④清洁平台工作面,将高度尺置于其上,松开锁紧螺钉,移动尺框,检查显示屏和各按键工作是否正常。

⑤设置测量起点。移动测量爪与平台表面轻微接触(测力 3~5 N,以保证测量准确性),显示值应为"0",否则按 ON/0 键使显示为"0"。在特殊情况下,如用高度尺测量较大的工件而测量范围不够时,可用垫块将高度尺底座升高,此时的测量零点仍为平台表面,测量起点可选垫块的表面或工件的某一表面。如以前者为测量起点,应预置垫块的高度值(应使用更精确的仪器和测量方法确定该值)。如以工件某表面为测量起点,则应预置该工件表面的高度值(设计值或实际值,根据实际需要而定)。

2)划线并钻孔

根据三维设计以及上述划线高度尺的使用方法与注意事项,分别划出型腔、型芯路水路孔,以及使用样冲打点,并用使用台钻钻 $\phi 6$ mm 水路孔,并攻 M8 螺纹。

第 **5** 章
注塑模具钳工操作

5.1　主要抛光工具及其使用

随着塑料制品的广泛应用,对模具抛光的要求也越来越高,甚至要达到镜面的程度,常见的抛光需求如下所述。

①抛光是为了光学技能及工件外观的需要,可以增加工件的美观度。

②抛光能够改善材料表面的耐腐蚀性、耐磨性。

③抛光可以减少树脂流动的阻力。

④抛光可以提高合模面的精度,防止毛边。

⑤抛光可以使塑料制品易于脱模,减少生产注塑周期。

抛光常用工具如图 5.1.1 所示。

图 5.1.1　抛光工具

要想获得高质量的抛光效果,最重要的是具备高质量的油石、砂纸和钻石研磨膏等抛光工具和辅助品。而抛光程序的选择取决于前期加工的表面状况,如机械加工、电火花加工、磨加工等。机械抛光的一般过程如下所述。

①粗抛光:常用的方法是手工油石研磨,使用条状油石加煤油作为润滑剂或冷却剂进行打磨。一般的使用顺序为#180～#240～#320～#400～#600～#800～#1000。比赛时不允许,一般会选择从#600 或#800 开始。

②半精抛光:半精抛主要使用砂纸和煤油,砂纸的号数依次为#400～#600～#800～#1000～#1200～#1500。

③精抛光:精抛主要使用钻石研磨膏。若用抛光布轮混合钻石研磨粉或研磨膏进行研磨,通常的研磨顺序是 $9\mu m$(#1800)~$6\mu m$(#3000)~$3\mu m$(#8000)。比赛时通常选用 $3\mu m$ 进行研磨。

砂纸抛光的注意事项如下所述。

①用砂纸抛光需要利用软的木棒或竹棒。在抛光圆面或球面时,使用软木棒可更好地配合圆面和球面的弧度。而较硬的木条如樱桃木,则更适用于平整表面的抛光。修整木条的末端使其能与钢件表面形状保持吻合,这样可以避免木条(或竹条)的锐角因接触钢件表面而造成较深的划痕。

②当换用不同型号的砂纸时,抛光方向应变换 45°~90°,这样前一种型号砂纸抛光后留下的条纹阴影即可分辨出来。在更换不同型号砂纸之前,必须用 100% 纯棉花蘸取酒精一类的清洁液对抛光表面进行仔细擦拭,因为一颗很小的沙砾留在表面都会毁坏接下去的整个抛光工作。从砂纸抛光换成钻石研磨膏抛光时,清洁过程同样重要。在抛光继续进行之前,所有颗粒和煤油都必须被完全清洁干净。

抛光手法如图 5.1.2 所示。

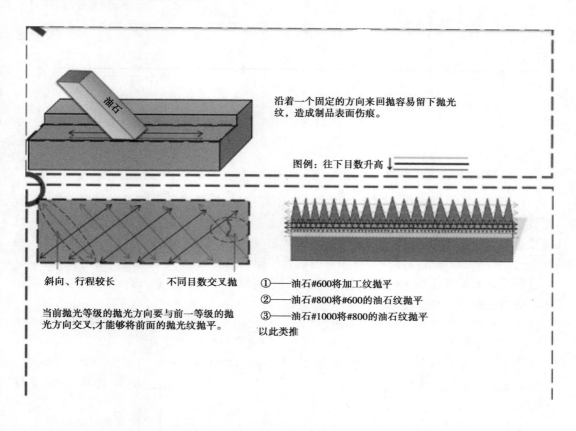

沿着一个固定的方向来回抛容易留下抛光纹,造成制品表面伤痕。

图例:往下目数升高

斜向、行程较长　　　不同目数交叉抛

当前抛光等级的抛光方向要与前一等级的抛光方向交叉,才能够将前面的抛光纹抛平。

①——油石#600将加工纹抛平
②——油石#800将#600的油石纹抛平
③——油石#1000将#800的油石纹抛平
以此类推

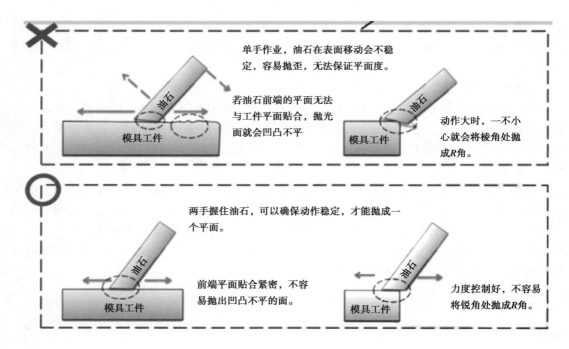

图 5.1.2

5.2 注塑模具装配工艺

5.2.1 装配工艺技术要求

注塑模具装配是注塑模具制造过程中重要的后工序,模具质量与模具装配紧密联系,模具零件通过铣、钻、磨、CNC、EDM、车等工序加工,经检验合格后才能集中装配;装配质量的好坏直接影响到模具质量,是模具质量的决定因素之一;没有高质量的模具零件,就没有高质量的模具;只有高质量的模具零件和高质量的模具装配工艺技术,才有高质量的注塑模具。

注塑模具装配工艺技术控制点多,涉及范围广,易出现的问题点也多,另外,模具周期和成本与模具装配工艺也紧密相关。

注塑模具装配工艺技术要求如下所述。

①装配好的模具其外形和安装尺寸应符合装配图纸所规定的要求。

②定模座板上平面与动模座板下平面须平行,平行度≤0.02/300。

③装配好的模具成型位置尺寸应符合装配图纸规定要求,动、定模中心重复度≤0.02 mm。

④装配好的模具成型形状尺寸应符合装配图纸规定要求,最大外形尺寸误差≤0.05 mm。

⑤装配好的模各封胶面必须配合紧密,间隙小于该模具塑料材料溢边值50%,避免各封胶面漏胶产生披峰。保证各封胶面有间隙排气,能保证排气顺畅。

⑥装配好的模具各碰插穿面配合均匀到位,避免各碰插穿面烧伤或漏胶产生披峰。

⑦注塑模具所有导柱、导套之间的滑动平稳顺畅,无歪斜和阻滞现象。

⑧注塑模具所有滑块的滑动平稳顺畅,无歪斜和阻滞现象,复位、定位准确可靠,符合装配图纸所规定的要求。

⑨注塑模具所有斜顶的导向、滑动平稳顺畅,无歪斜和阻滞现象,复位、定位准确。

⑩模具浇注系统须保证浇注通道顺畅,所有拉料杆、限为杆运动平稳顺畅可靠,无歪斜和阻滞现象,限位行程准确,符合装配图纸所规定的要求。

⑪注塑模具顶出系统所有复位杆、推杆、顶管、顶针运动平稳顺畅,无歪斜和阻滞现象,限位、复位可靠。

⑫注塑模具冷却系统运水通道顺畅,各封水堵头封水严密,保证不漏水渗水。

⑬注塑模具各种外设零配件按总装图纸技术要求装配,先复位机构动作平稳可靠,复位可靠;油缸、气缸、电器安装符合装配图纸所规定的要求,并有安全保护措施。

⑭注塑模具各种水管、气管、模脚、锁模板等配件按总装图纸技术要求装配,并有明确标识,方便模具运输和调试生产。

5.2.2　装配工艺顺序

(1)零件加工准备

模具零件加工前,装配钳工必须对加工零件的特殊装夹钻孔攻牙,配好特殊夹具。

(2)模架验证和装拆

装配钳工必须对模架装配尺寸、配件、动作、行程、限位、动作顺序进行验证,确认模架是否符合图纸要求。

(3)模具零件配合位的钻、铣、磨削加工

装配钳工必须对部分零件配合位进行钻、铣、磨削加工,其工艺按《模具钻削加工工艺规范》《模具磨削加工工艺规范》《模具铣削加工工艺规范》执行。

(4)模具装配准备

①承接模具时,装配钳工应仔细分析产品图纸或者样件,熟悉并把握模具结构和装配要求,若有不清楚之处或者发现模具结构问题,须及时反馈给设计者;装配钳工须根据模具结构特点和技术要求,确定最合理的装配顺序和装配方法。

②模具装配前,装配钳工必须清楚模具零部件明细清单,及时跟踪模具零部件加工进度和加工质量。

③模具装配前,装配钳工必须对模具零部件进行测量检验,确认模具零部件是否符合图纸要求,零件间的配合是否合适,合格的才投入装配。

④模具零件螺钉孔、顶针孔、冷却水孔的加工:模具零件螺钉孔、顶针孔、冷却水孔的加工是注塑模具装配钳工主要工作量之一,其工艺按《模具钻削加工工艺规范》执行。

⑤模具部件预装和标识:注塑模具一般由一定数量零件、部件组成,模具部件须预装,达到配合要求的零部件须及时做好标识,零部件标识按《注塑模具标识标准》执行。

5.2.3　模架装配工艺

模架动作、行程、限位、动作顺序验证

①大水口模 A、B 板开合是否平稳顺畅,松紧程度是否适中,有无歪斜和阻滞现象。导柱与导套为滑动配合(一般为 G7/h7),导柱、导套与模板为过渡配合(一般为 H7/K6)。

②小水口和简易小水口模架 A、B 板开合是否平稳顺畅,松紧程度是否适中,有无歪斜和阻滞现象。导柱与导套为滑动配合(一般为 G7/h7),导柱、导套与模板为过渡配合(一般为 H7/K6);A 板与脱料板开合是否平稳顺畅,限位拉杆行程是否符合图纸要求。

5.2.4　预装配(镶件落框)工艺

1)动、定模预装配工艺准备

①装配前,须按工艺技术要求对需要倒角去毛刺的工件进行倒角,未注倒角为 1×45°,保证不伤手,具备装配时导向之用。

②装配前,须清洗镶件与模板。

③装配前,须确认定模预装件加工是否达到图纸所规定的要求,型腔加工按基准角加工,定模整板装配尺寸检测按基准角测量;定模部件为镶拼结构的,模板腔加工按基准角加工,镶件型腔加工按分中加工,模板装配尺寸检测按基准角测量,镶件装配尺寸检测按分中测量,镶件与模板松紧程度须适中,装拆方便,其配合为过度配合,装配间隙按镶件与模板装配间隙表执行。

④装配前,须确认动模预装件加工是否达到图纸所规定的要求;模板腔加工按基准角加工,镶件型芯加工按分中加工,模板装配尺寸检测按基准角测量,镶件装配尺寸检测按分中测量,镶件与模板松紧程度适中,装拆方便,其配合为过度配合,装配间隙按表镶件与模板装配间隙表(表 5.2.1)执行。

表 5.2.1　镶件与模板装配间隙

尺寸段/mm	100 ~ 315	315 ~ 550	550 ~ 900
装配间隙大小/mm	0.03 ~ 0.05	0.05 ~ 0.1	0.1 ~ 0.15

2)动、定模镶件装配工艺

①装配时,动、定模镶件装配按先大后小,从整体到局部顺序进行。

②装配时,动、定模镶件应垫着铜棒压入,不能用铁棒直接敲打,并保持平稳切校正垂直度。

③装配时,不得损伤动、定模镶件的分型面、型面、碰穿面,镶件与模板松紧程度适中,装拆方便。

④装配后,动、定模部分中心位置符合装配图纸所规定的要求,夹口、级位不得大于 0.05 mm;装配好的模具其成型位置尺寸应符合装配图纸所规定的要求。

5.2.5　主分型面装配(FIT 模)工艺

注:FIT 模就是合模(整合模具),是修配分型面、碰穿处、滑块、斜顶顶针等。

1)动、定模主分型面装配准备

①FIT 模前,须清洗动、定模各镶件及各模板。

②FIT 模前,须确认动、定模主分型面尺寸是否达到图纸所规定的要求。

③FIT 模前,须在动、定模主分型面均匀涂上 FIT 模红丹。

2)动、定模主分型面装配工艺

①FIT 模时,对基准角将定模导入动模。

②FIT 模时,动、定模应垫着铜棒压入,不能用铁棒直接敲打,并保持各主分型面压力适中均匀。

③FIT 模时,动、定模主分型面配合须均匀到位,FIT 模红丹影印均匀清晰,各分型面配合间隙小于该模具塑料材料溢边值 0.03mm,避免各分型面漏胶产生披峰。

④当 FIT 模红丹影印不均匀时,视情况而定对各分型面配合须进行局部研配,分型面的研配必须通过精密修配或精密加工完成。

⑤装配后,动、定模各零件须做好安装位置标识。

5.2.6　碰穿、插穿面装配工艺

1)动、定模碰、插穿结构装配

①装配前,须按工艺技术要求对需要倒角去毛刺的工件进行倒角,未注倒角为 1×45°,保证不伤手,具备装配时导向之用。

②装配前,须清洁碰、插穿镶件和装配相关零件。

③装配前,须确认碰、插穿零件加工是否达到图纸所规定的要求;碰、插穿镶件装配松紧程度须适中,装拆方便,其配合为过度配合,装配间隙按镶件与模板装配间隙表(表 5.2.1)执行。

④装配前,动、定模碰、插穿位置各面及各相关配合面尺寸须明确是否达到图纸所规定的要求,零件加工时,碰、插穿位置须留单边 0.03~0.05 装配余量。

2)模具碰、插穿配合工艺要求

①装配时,动、定模碰、插穿零件应垫着铜棒压入,不能用铁棒直接敲打,并保持平稳压入,校正垂直度。

②装配时,不得损伤动、定模碰、插穿零件及镶件的分型面、型面、碰穿面,镶件与模板松紧程度适中,装拆方便。

③装配后,动、定模碰、插穿零件中心位置误差不得大于 0.02 mm;装配好的模具其成型位置尺寸应符合装配图纸所规定的要求。

④装配时,动、定模碰、插穿位置配合和主分型面配合相同,配合各面须均匀到位,红丹影印清晰,其间隙小于 0.03 mm,避免各分型面漏胶产生披峰。

⑤当 FIT 模红丹影印不均匀时,各碰、插穿面配合须进行局部研配,碰、插穿面的研配必须通过精密修配或精密加工完成,不能用砂轮机打磨等粗加工方法;对碰、插穿面达不到图纸精度要求的工件,应上机床返修。

⑥装配后,动、定模碰、插穿各零件须做好标识,对称零件还要做好安装位置标识。

5.2.7　滑块装配工艺

1)动、定模滑块结构装配工艺准备

①装配前,须按工艺技术要求去毛刺,注意避免封胶面修配出现圆角,非封胶面、非胶位面可进行倒角,未注倒角为 1×45°,保证不伤手。

②装配前,须清洁滑块和装配相关零件。

③装配前,须确认滑块零件加工是否达到图纸所规定的要求;滑块装配松紧程度须适中,封胶面配合严密,配合间隙小于该模具塑料材料溢边值 0.03 mm;非封胶面配合滑动顺畅,装

拆方便,其配合为间隙配合,滑动配合执行 G7/h7。

2)动、定模滑块装配工艺要求

①装配时,先将滑块装配在动、定模滑动侧,先配封胶面,后配滑动面。

②装配好滑块在动、定模侧各封胶面及各配合面后,再配滑块在另一侧的各封胶面及各配合面,先配紧锁块(斜楔),再配斜导柱(或 T 型块),确定滑动行程后,再配限位、复位零件。

③当滑块配合不均匀时,各滑块面配合须进行局部研配,碰、插穿面的研配必须通过精密修配或精密加工完成,不能用砂轮机打磨等粗加工方法;对碰、插穿面达不到图纸精度要求的工件,应上机床返修。

④装配后,动、定模滑块各封胶面配合间隙小于该模具塑料材料溢边值 0.03 mm,避免各封胶面漏胶产生披峰。

⑤装配后,动、定模滑块各滑动面配合按 G7/h7 间隙配合,滑动顺畅。

⑥装配后,动、定模滑块配合面须开设油槽,模具总装配时滑块各滑动面须加润滑黄油,能保证滑动顺畅。

5.2.8 斜顶装配工艺

1)动、定模斜定结构装配工艺准备

①装配前,须按工艺技术要求去毛刺,注意避免封胶面修配出现圆角,非封胶面、非胶位面可进行倒角,未注倒角为 1×45°,保证不伤手。

②装配前,须清洁斜顶和装配相关零件。

③装配前,须确认斜顶零件加工是否达到图纸所规定的要求;斜顶装配松紧程度须适中,封胶面配合严密,配合间隙小于 0.03 mm;滑动配合滑动顺畅,装拆方便,其配合为间隙配合,滑动配合执行 G7/h7。

2)动、定模斜顶装配工艺要求

①斜顶配合面加工必须通过磨削等精密加工,保证各配合面位置精度和尺寸精度,对大型斜顶配合面精加工,必须装在专夹具上精密磨削。

②装配时,将斜顶装在模具滑动侧,先配封胶面,后配导向滑动面,最后配斜顶掌底。

③当斜顶配合不均匀时,各斜顶配合须进行局部研配,各配合面的研配必须通过精密修配或精密加工完成,不能用砂轮机打磨等粗加工方法;对斜顶配合面达不到图纸精度要求的工件,应上机床返修。

④装配时,动、定模斜顶各面及各相关配合面配合须均匀到位,其配合为间隙配合,装配间隙按表 5.2.1 执行。

⑤斜顶各封胶面配合长度为 15~20 mm,配合间隙小于该模具塑料材料溢边值 0.03 mm,避免各分型面漏胶产生披峰。

5.2.9 浇注系统装配工艺

①模具的唧咀(浇口套)中心和定位环中心必须一致。

②模具的浇注通道必须畅通,主流道、分流道、冷料井、拉料杆装配须达到图纸所规定的要求。

③小水口模具的分流道阶梯级位须均匀,不允许有倒扣,保证脱料顺畅通。

5.2.10　顶出系统装配工艺

①顶针、顶管的布置必须按图纸所规定的要求。

②顶针、外径避空,单边避空 0.5 mm,顶针、顶管底部阶梯柱高度尺寸须配合装配,保证顶针、顶管顶出和复位没有虚位;对于安装在斜面、曲面、异型面的顶针、顶管,其底部阶梯柱进行止转定位,其通用方法为:将底部阶梯柱加工为腰形柱,相应的安装孔加工成腰形槽。

③顶板、顶块的顶杆导向顺畅,顶出动作平衡协调。

④大型模具所使用的强行拉复位机构零件互换性强,高度方向尺寸必须一致,顶出、拉复位动作平衡,装卸方便。

⑤复位杆、弹簧复位和限位必须通过模具顶出、复位动作来检验和验证,复位杆、弹簧复位安装达到图纸所规定的要求。

第 **6** 章
制件注塑操作

6.1　注塑模具的安装

①检查熔料入料口衬套与模板定位孔及定位圈的装配位置是否正确。

②检查导柱与导向套的合模定位是否正确,滑动配合状态应轻快自如。

③采用低压、慢速合模,同时仔细观察各零件的工作位置是否正确。

④合模后,用压板固定模具,压板分布应均匀,螺栓压紧点分布要合理,螺母加力时要对角线同时拧紧,并逐步增加拧紧力。

⑤慢速开模,调整顶出杆位置,注意顶出杆的固定板与动模底板间应留 5 mm 的间隙。

⑥计算模板行程,固定行程滑块控制开关,调整好动模板行程距离。

⑦试验、校好顶出杆的工作位置,并调整好合模装置的限位开关。

⑧调整锁模力的大小,先从低值开始,以合模运动时曲肘连杆伸展运动比较轻松为准。

6.2　主要注塑参数设置

塑料成型工业设备是塑料生产中应用最多的加工机械,塑料成型机械包括注塑机、造粒机、吹塑机、滚塑机等,其产值占塑料机械总产值的 80% 以上,而注塑机更是塑料加工机械中占比份额最大的品种,产值约占 40% 。注塑成型工艺五要素包括压力、流量、温度、时间、位置,其中压力、流量、温度和时间最为重要,下面将重点介绍注塑成型工艺这 4 个重要参数设置的要点。

1)压力参数设置

在注射动作时,为了克服熔融胶料经过喷嘴、浇道口和模具型腔等处的流动阻力,注射螺杆对熔融胶料必须施加足够的压力才能完成注射。注塑机主要由注射和锁模两部分组成,注射压力和锁模压力(简称锁模力)等压力参数是注塑成型工艺的重要技术参数。

（1）注射压力

注射压力又称射胶压力,是最重要的注塑成型压力参数,它对熔融胶料的流动性能和模具型腔的填充有决定性的作用,对注塑制品尺寸精度、品质质量也有直接影响。注射压力参数设置需根据不同机型设置。

常见的机型中一般有一级,二级,三级注射压力。在具体生产中要根据塑料原料、具体成型产品结构等来合理选取和设置压力参数。

（2）锁模力

锁模力是从低压锁模开始设置,经过高压锁模,直到锁模终止为止。锁模动作分为 3 个阶段,锁模开始时设置快速移动模板所需要的压力参数,以节省循环时间提高效率;锁模动作即将结束时,为了保护模具,清除惯性冲击,降低锁模力参数;当模具完全闭合后,为了达到预设的锁模力,增加锁模力参数的设定值。

（3）保压压力

保压压力是在注射动作完成后对模具腔内的熔胶料继续进行压实,对模腔内制品冷却成型收缩而出现的空隙进行补缩,并使制品增密。保压压力可保证模腔压力一定,一直到浇口固化为止。

常设定保压时间来控制保压压力,保压压力决定补缩位移的多量大小,决定制品质量的一致性、均匀性、致密性等重要性能,对于提高制品质量和生产效益有十分重要的意义。设置保压压力参数的一般原则是保压压力要略小于充模力,浇口保压时间大于固化时间。

（4）背压压力

背压压力是指螺杆反转后退储料时所需要克服的压力。适当设置背压压力参数,可增加熔融胶料的内应力,提高均匀性和混炼效果,提高注射成型的塑化能力。背压一般不超过注塑压力的 20% 。注塑泡沫塑料时,背压应该比气体形成的压力高,否则螺杆会被推出料筒。

2）流量参数设置

流量参数包括注射速度、锁模、开模速度等。

（1）注射速度

注射速度对熔融胶料的流动性能、塑料制品中的分子排列方向及表面状态有直接影响。注射速度推动熔融胶料流动,在相邻流动层间产生均匀的剪切力,稳定推动熔融胶料充模,对注塑成型制品质量和精度有重大的影响。注射速度和注射压力相辅相成,配合使用。

注射一般是从一段注射开始,经过二段注射……直到注射终止为止。注射速度的大小设置,也是结合塑料原料特性和注射成型模具的设计的形状、尺寸、精度等综合参数而定。

（2）锁模、开模速度

锁模和开模速度的设置基本上同压力参数设置。例如开模动作的 3 个阶段,第一个阶段为了减少机械振动,在开模动作开始阶段,要求动模板移动缓慢,这是由于注塑成型制品在型腔内,如果快速开模,有损坏塑件的可能,过快地开模还可产生巨大的声浪;在开模第二个阶段,为了缩短循环周期时间,动模板快速移动,提高机器使用效率;第三阶段在动模板接近开模终止位置时,为了减少惯性冲击,减慢开模速度。综合各方因素,稳定、快速、高效是进行速度参数设置的目的。

3）温度参数设置

注塑成型温度参数是注塑成型工艺的核心内容,直接关系到注塑成型产品的质量,影响塑化流动和成型制品各工序的时间参数的设置。一般温度参数主要包括熔胶筒温度、射嘴温度、模具温度等。

（1）熔胶筒温度

注塑成型就是对塑料进行加温，将颗粒原料在熔胶筒中均匀塑化成熔融胶料，以保证熔融胶料顺利地进行充模。熔胶筒温度一般从料斗口到射嘴逐渐升高，因为塑料在熔胶筒内逐步塑化。

螺杆螺槽中的剪切作用产生的摩擦热等直接影响温度，所以温度参数设置分段进行。通常将熔胶筒分成前端、中端和后端加热区间，分别设置所需参数。熔融胶料的温度一般要高于塑料流动的温度和塑料的熔点温度，要低于塑料的分解温度。

实际生产中常凭借经验或根据注塑制品情况来确定。如工程塑料温度要求高些，可以适当使熔胶筒温度设置偏高些，使塑料充分塑化。

（2）射嘴温度

射嘴是熔胶筒内连接模具型腔浇口、流道口和浇注口的枢纽。射嘴温度设置合理，熔融胶料流动性能合适，易于充模，同时塑料制品的性能如熔接强度、表面光泽度都能提高。

射嘴温度过低，会发生冷料堵塞射嘴或堵塞浇注系统的浇口、流道口等情况，不能正常顺利进行生产，还可因冷料使制品带有冷料斑，影响塑料制品的品质；射嘴温度过高，会导致熔融胶料的过热分解，导致塑料制品的物理性能和力学性能下降等。射嘴温度设定一般进行温度设定，充分保持射嘴温度恒温。

（3）模具温度

模具温度一般是指模具腔内壁和塑料制品接触表面的温度。模具温度对精密注射成型加工的塑料制品的外观质量和性能影响很大，模具温度参数的设置常由塑件制品的尺寸与结构、塑料材料特性、塑料制品的工艺条件等来决定。

模具温度的设置，对熔融胶料而言都是冷却，控制模具温度都能可使塑料成型制品冷却成型，为顺利脱模提供条件；控制模具温度，可使模具型腔各部温度均衡一致，使型腔内制品散热程度一致，以避免因内应力的产生导致制品性能下降，保证制品质量。

4）时间参数设置

注塑成型时间参数是保证生产正常的一个重要参数，它直接影响劳动生产效率和设备的利用率，通常完成一次注塑成型所需用的时间称作成型周期。

注塑成型的成型周期由合模时间、充填时间、保压时间、冷却时间及脱模时间组成。

其中以冷却时间所占比例最大，为 $70\% \sim 80\%$。因此冷却时间将直接影响塑料制品成型周期长短及产量大小。

注塑时间（塑料熔体充填型腔所需要的时间，不包括模具开、合等时间）要远远低于冷却时间，为冷却时间的 $6.7\% \sim 10\%$，这个规律可作为预测塑件全部成型时间的依据。

参考文献

［1］雷文.材料成型与加工实验教程［M］.南京:东南大学出版社,2017.

［2］何红媛,周一丹.材料成形技术基础［M］.南京:东南大学出版社,2015.

［3］傅小明.材料制备技术与分析方法［M］.南京:南京大学出版社,2020.

［4］杨明山,赵明.塑料成型加工工艺与设备［M］.北京:印刷工业出版社,2010.

［5］王新龙,徐勇.高分子科学与工程实验［M］.南京:东南大学出版社,2012.

［6］王孝文.分模模锻［M］.武汉:武汉理工大学出版社,2018.

［7］华林,夏汉关,庄武豪.锻压技术理论研究与实践［M］.武汉:武汉理工大学出版社,2014.

［8］查五生,彭必友.冲压与塑料模具设计指导［M］.重庆:重庆大学出版社,2016.

 高等院校基础课系列教材·实训类

更多服务

ISBN 978-7-5689-3249-3

9 787568 932493 >

定价:36.00 元